NOTIONS

SUR

LA NATURE ET LES PROPRIÉTÉS

DE LA

MATIÈRE ORGANISÉE

Paris. — Imprimerie de E. MARTINET, rue Mignon, 2.

NOTIONS

SUR

LA NATURE ET LES PROPRIÉTÉS

DE LA

MATIÈRE ORGANISÉE

PAR

M. F. TAULE

Docteur en médecine de la Faculté de Paris.

———

PARIS

GERMER BAILLIÈRE, LIBRAIRE ÉDITEUR,

RUE DE L'ÉCOLE-DE-MÉDECINE, 17.

1866

Résumer sous une forme méthodique, et aussi succincte-
ment que possible, l'état actuel de la science touchant la nature et les propriétés élémentaires de la matière organisée,
tel a été notre but en écrivant ces pages. Nos opinions per-
sonnelles n'y occuperont qu'une place très-restreinte. Si notre
thèse a quelque valeur, ce sera uniquement grâce aux leçons
et aux travaux de nos maîtres. Nous devons surtout des
remercîments à M. le professeur Ch. Robin, dont l'enseigne-
ment fait revivre, dans cette école, les grands souvenirs de
de Blainville et de Bichat. C'est dans ses œuvres et à son
cours que nous avons puisé la plupart des matériaux de ce
travail.

NOTIONS

SUR

LA NATURE ET LES PROPRIÉTÉS

DE LA

MATIÈRE ORGANISÉE

La vie n'est qu'une des formes de l'activité de la
matière parvenue au dernier terme de ses évolutions.

CHAPITRE PREMIER.

DES PRINCIPES CONSTITUANTS DE L'ORGANISME.

On désigne sous ce nom, en anatomie générale, tous les éléments d'ordre divers qui entrent dans la composition des tissus et des humeurs. Au point de vue biologique, ces éléments se divisent en trois ordres, savoir : 1° les *principes immédiats*, qui forment la base des humeurs et la trame des éléments anatomiques ; 2° les *blastèmes* et les *plasmas*, parties liquides des humeurs constituantes, des éléments anatomiques et des tissus ; 3° les *éléments anatomiques*, parties solides des humeurs et des tissus. Les blastèmes, les plasmas et les éléments anatomiques sont composés uniquement de principes immédiats ; mais ce sont déjà des corps organisés ou en voie d'organisation, tandis que chaque principe immédiat considéré isolément ne jouit que des propriétés physiques et chimiques inhérentes à la matière brute.

Au point de vue physique, les principes immédiats peuvent être solides, liquides ou gazeux ; mais ils passent tous à l'état gazeux ou à l'état liquide, avant de prendre leur forme définitive. Chimiquement, ils se distinguent en éléments simples et composés, organiques et inorganiques. Les corps simples et une partie des corps composés sont tous de provenance minérale ou inorganique. Quelques corps composés ne se rencontrent, au contraire, que dans la matière organisée. De là leur nom de substances organiques. Mais ces substances elles-mêmes, n'étant autre chose que des combinaisons de corps simples, il s'ensuit que ces derniers forment à eux seuls l'unique substratum de l'organisme. Leur poids total reproduit, en effet, le poids exact du végétal ou de l'animal dont ils ont été extraits par l'analyse chimique.

Buffon, à qui les connaissances chimiques faisaient défaut, avait méconnu cette unité de composition élémentaire des trois règnes. Pour lui, « il y a dans la nature une *matière commune* aux végétaux et aux animaux, qui sert à la nutrition et au développement de tout ce qui végète. Cette matière ne peut opérer la nutrition et le développement qu'en s'assimilant à chaque partie du corps de l'animal ou du végétal et en pénétrant intimement la forme de ces parties » (1). Il désigne cette matière spéciale sous le nom de *matière organique nutritive et productive.* Elle est « *universellement* répandue et composée de particules organiques toujours actives, dont le mouvement et l'action sont fixés par les parties brutes de la matière en général, et particulièrement par les particules huileuses et salines. Mais, dès qu'on les dégage de cette matière étrangère, elles reprennent leur action et produisent différentes espèces de végétations et d'autres êtres animés qui se meuvent progressivement » (2).

A l'heure qu'il est, l'erreur de Buffon n'est même plus discutable. Il est prouvé scientifiquement, depuis que la chimie est constituée, qu'il n'y a qu'une seule espèce de matière dans le monde, la matière inorganique, dont les molécules, associées de diverses façons et dans des conditions spéciales, ont produit les corps organisés. C'est toujours la même substance fondamentale, les mêmes principes formateurs qui sont en jeu dans les combinaisons inorganiques et chez les êtres vivants. Les différences de composition et de structure ne portent jamais que sur le nombre, les quantités pondérables et le mode de groupement des éléments. « Dans les études de chimie, dit M. Dumas, on voit la matière changer d'état, acquérir des propriétés nouvelles par son association en groupes diversement disposés. Chaque molécule reste cependant ce qu'elle était. Si on l'isole, on la

(1) Buffon, *Histoire naturelle ;* Paris, 1749, in-4°, t. II, p. 420 ; citation de M. Robin, dans son *Traité de chimie anatomique.*
(2) Buffon, *loc. cit.*, p. 341.

retrouve inaltérée. Mais, par son union avec d'autres molécules, les caractères qui lui appartiennent se masquent et se modifient à tel point que l'analyse seule peut nous apprendre qu'il existe du plomb dans la céruse, du fer dans la rouille, et du charbon dans le marbre le plus blanc. À l'aspect rien ne l'aurait fait supposer. Jusqu'à présent, on ne connaît ni création, ni transmutation d'éléments. Tous les changements qui s'opèrent à la surface du globe sont dus à des combinaisons qui se font ou à des combinaisons qui se défont. La matière du tapis de verdure, qui aujourd'hui revêt une prairie, fait partie le lendemain des animaux qu'elle nourrissait. Quelques jours encore, et elle passera peut-être dans notre propre organisation, d'où elle ira dans l'atmosphère, qui, la cédant à de nouvelles plantes, reproduira plus tard une nouvelle végétation (1). »

Les éléments ou corps simples connus aujourd'hui sont au nombre de 69. Ce sont ces corps qui constituent à eux seuls toutes les substances contenues dans le globe terrestre et dans l'atmosphère qui l'enveloppe. Mais il s'en faut de beaucoup que tous contribuent à la formation de la matière organisée. Il n'y en a que quatre qui entrent pour une proportion très-notable dans sa composition. Ce sont l'oxygène, l'hydrogène, le carbone et l'azote. Les trois premiers dominent dans les plantes et le troisième chez les animaux. Dix autres corps s'y trouvent encore unis aux précédents, mais en moindres proportions. Ce sont le soufre, le phosphore, le fluor, le chlore, le sodium, le potassium, le calcium, le magnésium, le silicium, le fer. Ces quatorze corps simples, que l'on pourrait appeler avec M. Chevreul les *principes médiats de la substance organisée*, donnent naissance, en se combinant de différentes manières, à trois classes de *principes immédiats* ou substances secondaires, qui forment la base des humeurs et des éléments anatomiques.

§ I. — DES PRINCIPES IMMÉDIATS.

On entend par là, disent MM. Robin et Verdeil, les derniers corps solides, liquides ou gazeux auxquels on puisse, par la

---

(1) Dumas, *Traité de chimie*, t. VIII, et *Statique chimique des corps organisés*, passim.

saine analyse anatomique, c'est-à-dire sans décomposition chimique, mais par coagulations et cristallisations successives, ramener la substance organisée, savoir les diverses humeurs et les éléments anatomiques (1). L'étude des principes immédiats n'a pas toujours été interprétée de la sorte par les chimistes, qui ont souvent confondu sous ce nom des corps formés artificiellement sous l'influence de leurs manipulations. Quant aux anatomistes, ils ne s'en sont jamais occupés. Cependant, comme le font observer avec beaucoup de raison MM. Robin et Verdeil, l'analyse chimique, toute-puissante quand il s'agit de décomposer ces principes, ne saurait être d'un grand secours pour les séparer les uns des autres. Sur ce terrain elle doit évidemment céder le pas à l'anatomie : « *Chimia egregia ancilla medicinæ, non pejor domina* (2). »

C'est à M. Chevreul que revient l'honneur d'avoir le premier traité la question à ce point de vue. Il distingue trois sortes d'analyse : l'nne, a pour but d'isoler les corps simples qui entrent dans une combinaison définie ou non ; c'est l'*analyse élémentaire*. La seconde a pour objet d'isoler les principes immédiats contenus dans une espèce chimique déterminée ; c'est l'*analyse immédiate chimique*. Enfin, il est une troisième espèce d'analyse par laquelle on se propose de séparer les uns des autres les principes immédiats qui entrent dans la composition des humeurs et des éléments anatomiques ; c'est l'*analyse immédiate anatomique*, celle à laquelle il est fait allusion dans la définition placée en tête de ce paragraphe. Cette dernière, pour être légitime, doit isoler chaque espèce de principe immédiat sans en altérer la nature et les caractères chimiques.

De là une différence essentielle entre le principe immédiat chimique et le principe immédiat anatomique. Le premier fait toujours partie d'une combinaison définie et l'on ne peut l'isoler sans dénaturer son individualité chimique et celle de l'espèce dont il fait partie. Ainsi, par exemple, si l'on veut faire l'analyse immédiate du carbonate de potasse à l'aide de l'acide sulfurique,

(1) Ch. Robin et Verdeil, *Traité de chimie anatomique et physiologique*, 3 vol. in-8°, avec Atlas colorié. Paris, 1853.

(2) Phrase de Lind qui sert d'épigraphe au livre de MM. Robin et Verdeil. Elle est tirée de son *Traité du scorbut*. Paris, 1756, t. I, p. 78.

on est nécessairement conduit à faire disparaître l'individu carbonate de potasse et l'individu acide sulfurique ; on obtient de la sorte deux individualités nouvelles, l'acide carbonique et le sulfate de potasse, qui sont formées aux dépens des deux premières.

Au contraire, lorsqu'on dissout le suif dans l'alcool bouillant, pour en faire l'analyse, on ne fait point disparaître ce corps, on n'altère point sa composition moléculaire. Il y a bien toujours les mêmes éléments dans la dissolution. Seulement, à mesure que la liqueur se refroidit, la stéarine et une partie de la margarine se précipitent. L'oléine seule reste dissoute avec des traces de margarine. Le suif, il est vrai, n'est plus le même après l'opération. Ses parties, qui étaient mélangées intimement, se sont désunies, mais chacune a conservé son individualité propre. Il y a changement d'état physique, non transformation chimique. Si maintenant on voulait obtenir ces trois principes séparés, il faudrait d'abord filtrer. L'oléine, traversant le filtre, se déposerait au fond du vase, la stéarine et la margarine demeureraient sur le filtre. Pour séparer ces deux dernières, il faudrait les dissoudre de nouveau dans l'alcool bouillant. La stéarine précipitant la première par le refroidissement, on n'aurait plus qu'à filtrer une seconde fois pour la séparer de la margarine. Ces deux genres d'analyse sont, comme on le voit, fort différents l'un de l'autre. Dans le premier cas, on a commencé par dénaturer l'espèce chimique carbonate de potasse, et l'on n'a obtenu de la sorte qu'un des principes immédiats de ce sel, l'acide carbonique ; tandis que l'autre, la potasse, perdait à son tour son individualité chimique en se combinant avec l'acide sulfurique. Au contraire, dans le second cas, on n'a point dénaturé l'espèce suif ; car le suif, bien qu'il contienne des espèces chimiques, n'est pas lui-même une espèce ; c'est un mélange de margarine, d'oléine, de stéarine, et non une combinaison de ces trois corps. Aucun d'eux n'a d'ailleurs été altéré dans sa composition par les traitements successifs qu'on lui a fait subir. On n'a donc pas fait de la chimie en séparant l'un de l'autre ces trois principes immédiats du suif. On a fait de l'anatomie.

Telles sont les notions nouvelles introduites dans la science par M. Chevreul. On peut dire qu'elles ont eu une influence décisive sur les destinées de l'anatomie générale. Ce sont elles qui ont servi de point de départ au *Traité de chimie anatomique* de MM. Robin et Verdeil, le seul ouvrage où l'on trouve exposée, d'une manière complète et méthodique, l'histoire générale et particulière des principes immédiats. Dans l'introduction qui sert de commentaire à leur travail, les deux auteurs en précisent eux-mêmes le but et la portée. Sous le nom de *Mérologie* (*merus*, pur, sans mélange), ils désignent la première partie de l'anatomie générale qui a pour objet la description des parties constituantes de l'organisme, savoir, les principes immédiats et les éléments anatomiques. La mérologie se subdivise à son tour en *Stœchiologie* (στοιχεῖον, élément, principe), ou étude des principes immédiats, et *Élémentologie*, ou étude des éléments anatomiques. C'est seulement de la première de ces divisions qu'il est question dans l'ouvrage de MM. Robin et Verdeil. C'est aussi la seule dont nous ayons à nous occuper en ce moment.

Classification des principes immédiats. — Les principes immédiats se divisent naturellement en trois classes, suivant leurs caractères physiques et chimiques et selon leur rôle biologique. Les principes de la première classe existent également dans les corps bruts et dans la matière organisée. Ce sont des minéraux simples ou composés que l'on trouve à l'état solide, liquide ou gazeux dans l'atmosphère et dans les différentes couches du globe. Ils sont surtout remarquables par leur grande stabilité. Tous sont cristallisables ou volatils sans décomposition, et leur formule chimique est exactement connue.

Quoique indispensables à l'existence des animaux, ces principes n'occupent pourtant qu'une place accessoire dans leur constitution intime. Leur rôle consiste surtout à dissoudre les principes de la troisième et de la deuxième classe, soit pour les rendre assimilables, soit pour favoriser leur élimination. C'est grâce à eux que se forme le *milieu intérieur* (Ch. Robin) qui alimente les éléments anatomiques et reçoit le résidu de la désassimilation. L'eau joue, sous ce rapport, le principal rôle. C'est elle, en effet, qui est le dissolvant par excellence. Sans eau il n'y aurait ni endosmose, ni exosmose, ni assimilation, ni désassimilation ; l'organisme se momifierait et aucune des propriétés vitales ne pourrait se manifester. Aussi est-elle universellement répandue. Elle entre pour 7 ou 8 dixièmes en moyenne dans la composition des humeurs. Le sang en contient 780 pour 1000 chez l'homme, est 791 chez la femme. Tous les éléments anatomiques en sont entourés ou en renferment dans leur intérieur. L'eau ne pourrait cependant suffire à elle seule pour dissoudre tous les principes assimilables et tous les produits de désassimilation; mais, grâce aux matières salines (chlorures et sels divers) qu'elle tient en dissolution, elle provoque aisément l'évolution isomérique des principes de la troisième classe et pourvoit à leurs transformations régressives. L'oxygène a aussi une grande influence dans la nutrition. C'est lui qui donne aux globules sanguins les propriétés excitantes qui les rendent propres à entretenir l'activité des divers éléments de l'organisme.

La plupart de ces principes pénètrent tout formés dans l'économie et en sortent de même. Il en est pourtant qui contribuent à former des combinaisons nouvelles, soit en s'unissant directement aux principes de la deuxième classe, soit en provoquant leur dédoublement par voie de substitution. Quelques-uns même, comme le fer, le phosphate tribasique et le carbonate de chaux, font partie constituante des tissus. On sait, en effet, que le fer entre dans la composition des globules sanguins et que le phosphate et le carbonate de chaux forment la base des os. Chez les plantes, les principes de la première classe ont une importance de premier ordre; car ils fournissent directement les matériaux pour la formation des substances de la troisième classe, qui sont fabriquées de toute pièce par les végétaux et assimilées plus tard par les animaux.

Ces corps sont au nombre de vingt-neuf. Ce sont : l'oxygène, l'hydrogène, l'azote, l'acide carbonique, l'hydrogène protocarboné, l'hydrogène sulfuré, l'eau, la silice, le chlorure de sodium, le chlorure de potassium, le chlorhydrate d'ammoniaque, son carbonate et son bicarbonate, le carbonate de magnésie, le carbonate de potasse et son bicarbonate, le carbonate et le bicarbonate de soude, le sulfate de potasse, le sulfate de soude, le sulfate de chaux, le phosphate neutre de soude, son phosphate basique et son phosphate acide, le phosphate de potasse, le phosphate basique de chaux, le phosphate des os ou acide de chaux, le phosphate de magnésie, le phosphate ammoniaco-magnésien.

Les principes de la seconde classe sont plus nombreux encore. Ce sont : l'acide lactique et les lactates de potasse, de soude, de chaux, l'acétate de soude, l'acide urique, l'oxalate de chaux, les urates de potasse, de soude, de chaux, d'ammoniaque, de magnésie, l'acide hippurique, les hippurates de chaux, de soude, de potasse, l'inosate de potasse, le choléate de soude, l'hyocholéate de soude, le glycocholate de soude, l'acide pneumique, le pneumate de soude, l'urée, l'allantoïne, la cystine, la leucine, la créatine, la créatinine, l'acide stéarique, l'acide margarique, l'acide oléique, les sels de soude et de potasse, des acides gras, la cholestérine, la séroline, l'oléine, la margarine, la stéarine, la stéarérine (suint de mouton), l'élaérine, la phocénine, la cétine, la butyrine, l'hyrcine, les sudorates de soude et de potasse, l'acide cérébrique, la cérébrine (1), le sucre du foie, le sucre du lait.

Ces principes sont plus complexes que les précédents, mais aussi moins stables. Ils n'ont de commun avec eux que leur propriété de cristalliser, et la composition définie qui lui correspond. Ce sont, en général, des composés ternaires hydrocarbonés, qui dérivent de l'amidon, du sucre ou des corps gras. Certains d'entre eux, comme les sucres, peuvent être rangés dans la classe des alcools hexatomiques. Ils sont tous d'origine organique. Quelques-uns cependant, comme l'urée, l'allantoïne et les principes gras (oléine, margarine, stéarine, etc.), ont pu être reproduits artificiellement par voie de synthèse. Ils n'entrent point tout formés dans l'organisme. Ce sont seulement leurs matériaux, tels que l'amidon, le sucre et les matières neutres azotées qui y sont introduits directement. Ces matériaux eux-mêmes sont fournis par le règne végétal, qui seul peut les produire aux dépens des matières cosmiques, énumérées dans la première classe. Les plantes mangées par les herbivores et accessoirement par les omnivores, sont transformées par eux en chair musculaire, en graisse, en sucre, qui

(1) La cérébrine et l'acide cérébrique ne sont pas à proprement parler des principes immédiats, mais des mélanges de principes encore mal déterminés. (Voy. *Dict.* de Robin et Littré, art. CÉRÉBRIQUE.)

servent à leur tour de nourriture aux carnivores. Tous les animaux sont donc directement ou indirectement tributaires du règne végétal, et ce dernier du règne minéral, sans lequel la vie serait impossible.

« La vie, chez les animaux et chez les végétaux, dit M. Pasteur, est la mise en œuvre des gaz de l'atmosphère et consiste dans le passage de ces gaz à l'état solide et à l'état liquide... Vivre c'est, en quelque sorte, soustraire des gaz à l'atmosphère et les organiser en substances solides et liquides (1). » Cette idée, énoncée comme une règle générale et absolue, n'est qu'un paradoxe physiologique. Les plantes peuvent bien, jusqu'à un certain point, comme le dit M. Pasteur, vivre de l'air du temps ; car elles trouvent dans l'atmosphère de l'eau, de l'acide carbonique, de l'azote et quelques parcelles de sels en dissolution ou en suspension dans la vapeur d'eau ; mais c'est là un maigre régime, même pour les plantes, et il en est peu qui s'en contenteraient. Toutes ont plus ou moins besoin de plonger leurs racines dans la terre ou dans l'eau saturée de sels pour y puiser les matériaux solides qu'elles ne sauraient trouver en assez grande abondance dans l'atmosphère. Quant aux animaux, ils sont condamnés, sous peine de mort, à se nourrir de végétaux jusqu'à ce que la chimie soit parvenue à recomposer synthétiquement tous les principes immédiats à l'aide des matières minérales dont elle dispose et dont elle peut varier à l'infini les combinaisons.

Si les chimistes parviennent à résoudre ce problème, ils auront incontestablement rendu un grand service à la science et à l'humanité ; mais leurs découvertes, tout en améliorant les conditions d'existence de l'homme, ne sauraient modifier l'économie générale du monde, ni rompre le cercle des évolutions phénoménales de la matière. Il faut, de toute nécessité, que les animaux et les végétaux restituent au monde minéral les matériaux qu'ils lui empruntent chaque jour, sans cela la vie s'éteindrait sur le globe par l'épuisement même de ses conditions d'existence. Mais, grâce à la mort et aux transformations qui l'accompagnent, l'être organisé retourne à la masse commune et garantit de la sorte l'évolution des générations futures. Tous les

____

(1) *Revue des cours scientifiques* de 1865, n° 12.

êtres vivants sont ainsi solidaires les uns des autres. Seul le minéral se suffit à lui-même, parce qu'il est le terme simple, l'élément irréductible, au delà duquel il n'y a plus que l'atome, qui est l'alpha et l'oméga, l'origine et la fin de tout (1).

Comme on le voit, d'après le tableau ci-dessus, la plupart des principes de la seconde classe sont des produits de désassimilation. Tels sont, par exemple, l'urée, l'acide urique, les urates, etc., produits de la désassimilation des matières albuminoïdes. D'autres, comme l'oléine, la margarine, la stéarine, la butyrine, etc., qui forment la base des corps gras, sont absorbés en nature après avoir été préalablement émulsionnés par la bile et le suc pancréatique. Arrivés dans le sang, ils donnent naissance, en se dédoublant, aux acides oléique, stéarique, etc., et à des oléates et stéarates de soude et de potasse, ainsi qu'aux

(1) Tous les chimistes admettent aujourd'hui, comme autrefois Leucippe, et après lui Épicure et Lucrèce, que la matière est composée d'un certain nombre d'atomes insécables, irréductibles, qui s'unissent, en vertu de leurs affinités spécifiques, pour constituer les molécules des corps simples et des corps composés, lesquels forment à leur tour les principes immédiats. Les atomes ont tous le même volume. Ils diffèrent seulement par leurs poids et leurs affinités. M. Dumas est allé plus loin encore. Se basant sur une remarque de Prout, qui avait fait observer que les poids atomiques des corps simples, c'est-à-dire leurs densités, sont des multiples entiers du poids atomique de l'hydrogène, il a supposé qu'il n'y a qu'une seule substance irréductible, qu'un seul élément dans la nature, l'hydrogène, et que tous les autres corps sont constitués par de l'hydrogène à divers degrés de condensation. L'idée de M. Dumas a été reproduite et modifiée dans ces derniers temps par M. Graham. Selon lui, les atomes chimiques ne seraient pas absolument indivisibles. Ils seraient composés de molécules physiques infiniment petites, appelées *ultimates*. Ces molécules sont identiques comme substance, mais animées de mouvements vibratoires qui déterminent la formation des corps. A vrai dire, les *ultimates* ne sont autre chose que les molécules de l'éther, ce gaz infiniment raréfié et encore hypothétique qui sert de véhicule aux vibrations lumineuses et calorifiques des corps. L'hypothèse de M. Graham rend compte de certains phénomènes que la théorie atomique seule est impuissante à expliquer. Elle a, de plus, le mérite de s'accorder avec la théorie actuellement démontrée de l'équivalence des forces.

L'identité des *ultimates* ne saurait d'ailleurs être absolue. Elles doivent différer au moins par leur masse, sans quoi il serait absolument impossible de se faire une idée de leurs vibrations. Le mouvement, qui est la propriété dynamique fondamentale de la matière, la seule qui soit réellement irréductible, implique nécessairement la diversité des *ultimates* et leur séparation par des intervalles plus ou moins grands ; car toute propriété, quelle qu'elle soit, est le résultat d'un rapport. Or, pour établir un rapport, il faut au moins deux termes différents et isolés l'un de l'autre. Si les *ultimates* n'étaient point séparées et ne différaient point par leur masse il n'y aurait ni corps ni mouvement. Il n'y aurait plus que l'espace continu, uniforme et immobile,

acides cholique, choléiques, aux cholates et aux choléates, qui en dérivent, à la cholestérine et à une substance grasse phosphorée, la cérébrine, qui entre dans la composition du tissu nerveux. L'excédant des corps gras, non transformé par la nutrition, s'accumule dans les organes pour constituer le tissu adipeux. L'acide lactique se forme de même dans le sang aux dépens des matières féculentes et sucrées et du sucre de foie. Cet acide se transforme à son tour en lactate en présence de la soude dissoute dans le sérum. On le trouve aussi dans le suc gastrique et dans les muscles.

Du reste, ces principes séjournent peu dans l'économie où ils ne sauraient s'accumuler sans danger. On sait, en effet, que l'albuminurie, l'éclampsie, la goutte, le rhumatisme, sont presque toujours accompagnés d'un excès d'urée (urémie) ou

c'est-à-dire le néant. Supposez, au contraire, les *ultimates* distinctes les unes des autres et douées de mouvements différents, vous avez le monde avec les formes et les activités multiples qui le caractérisent. « Donnez-moi de la matière et du mouvement, disait Descartes, et je ferai le monde. » Il aurait pu dire avec tout autant de raison « de la matière ou du mouvement » ; car ces deux termes ne peuvent exister l'un sans l'autre. Ce sont deux aspects d'une seule et même chose. L'espace seul peut être conçu comme immobile, continu et partout identique avec lui-même. Mais qu'est-ce que l'espace?... C'est le milieu pénétrable et non résistant, ce *quid ignotum* où se meuvent les *ultimates* de l'éther et que Lucrèce avait appelé le vide. On a fort critiqué cette hypothèse depuis Descartes, mais on ne l'a point remplacée. C'est la seule, en effet, qui soit compatible avec l'existence des corps.

L'opinion de M. Graham est le dernier mot de l'analyse rationnelle appliquée à la recherche des conditions d'existence du monde. Il est impossible de se faire une idée plus simple de la constitution de la matière. Quant à l'origine des *ultimates*, à leur mode de formation, c'est une question inabordable. Les faits manquent absolument pour nous donner des idées sur ce point. Toute hypothèse à cet égard est nécessairement irrationnelle. Car, pour supposer une origine au monde, il faudrait admettre qu'il a été fait de rien par une force indépendante, ce qui est contradictoire. Mais, lors même qu'on passerait par-dessus cet obstacle, que la raison ne saurait franchir, on n'en serait pas plus avancé ; car il resterait à expliquer l'existence de la force créatrice, chose absolument impossible, même pour ceux qui l'admettent. D'ailleurs, l'expérience ayant démontré que la matière est indestructible, nous sommes forcément obligés d'admettre qu'elle est éternelle. Car, à quelque moment de la durée que nous nous transportions par la pensée, il nous est impossible de concevoir sa non-existence. Nous sommes donc conduits par la nature même de notre esprit à repousser la notion de cause première comme inutile et irrationnelle. Déterminer les conditions d'existence des phénomènes, leur cause prochaine, pour établir les lois générales suivant lesquelles ils se produisent, tel est le but de la raison et de la science expérimentale. Le reste n'est que chimère.

d'acide urique dans le sang et dans les tissus (tophus des articulations dans la goutte). Quelquefois, il est vrai, ces altérations ne sont que des épiphénomènes. On ne peut cependant leur refuser une certaine importance au point de vue du diagnostic et du traitement.

La production exagérée du sucre de foie joue aussi un grand rôle dans la pathologie, car elle constitue à elle seule une maladie, le diabète sucré. Le défaut de désassimilation des corps gras et leur séjour prolongé dans l'organisme produisent les dégénérescences graisseuses (foie gras dans l'alcoolisme), tandis que leur élimination exagérée par l'émonctoire cutané donne lieu à une véritable lèpre, résultat de l'hypersécrétion des follicules sébacés. Les chiens mis au régime gras par Magendie et M. Flourens ne tardaient pas à perdre leur poil, et ils étaient bientôt couverts de croûtes eczémateuses sans cesse humectées par un liquide visqueux analogue à la graisse fondue.

La désassimilation incomplète de la cholestérine peut également donner lieu à des accidents très-graves. M. Flint pense que cette substance est un produit excrémentitiel formé en grande partie aux dépens du cerveau et des nerfs. Lorsque les fonctions du foie sont amoindries ou partiellement abolies, comme dans la cirrhose, ce principe, ne pouvant plus être éliminé en totalité, s'accumule dans le sang. Il y a alors *cholestérémie*. Ce fait, déjà constaté par Becquerel et Rodier, a été observé de nouveau par M. Flint. Dans les deux cas, le malade a succombé dans un état de stupeur prolongée.

On sait, d'autre part, que les calculs biliaires sont dus à l'accumulation de la cholestérine dans le foie. Les calculs vésicaux résultent, aussi, du défaut de désassimilation des matières azotées. Ils sont formés presque exclusivement par des dépôts d'urates, de phosphates ou d'oxalates alcalins.

Les principes de la troisième classe, connus aussi sous le nom de *substances organiques* ou *albuminoïdes*, sont les suivants : albumine, glutine, peptones, pancréatine, ptyaline, pepsine, mucosines, hydropisine, globuline, hématosine, hématoïdine, nucléine, plasmine, fibrine, musculine, gluten, caséine, légumine, émulsine et myrosine, biliverdine, mélanine, urrosacine

ostéine, cartilagéine, géline, élasticine, kératine, matière albu-
minoïde de la membrane extérieure des globules sanguins, substances vitellines (vitelline, ichthine, ichthidine, ichthuline, émydine).

Quoique moins nombreux que ceux des deux autres classes, ces principes unis à l'eau forment la majeure partie de la masse du corps. Il n'est pas un seul tissu de l'économie où l'on ne les rencontre presque tous en quantité considérable. La plupart des humeurs en contiennent aussi en assez grande abondance. Ce sont eux qui forment la trame des éléments anatomiques. Ils participent ainsi directement aux propriétés d'élasticité, de ré-tractilité, de contractilité et d'innervation inhérentes à ces élé-ments. C'est ce qui leur a valu le nom de *corps constituants*, par opposition à la plupart des principes de la première et de la seconde classe, qui ne font que passer dans l'économie sans en faire partie intégrante. Leurs matériaux se renouvellent néan-moins pendant le travail de la nutrition. Mais cette rénovation moléculaire n'altère en rien la forme et la composition des élé-ments anatomiques dont ils font partie. Il y a bien, par le fait de la désassimilation, une décomposition véritable de ces corps, mais la recomposition a lieu si rapidement que leur altération est, pour ainsi dire, inappréciable. On ne peut la constater qu'indirectement en recueillant les produits qui en résultent. Ces produits ont été énumérés plus haut. Ce sont l'urée, les urates, la créatine, la créatinine, l'acide inosique, les ino-sates, etc.

Ces substances appartiennent exclusivement au règne orga-nique. Seuls les végétaux ont la propriété de les former de toute pièce aux dépens des matières minérales qu'ils puisent dans les milieux ambiants. Elles n'entrent point, d'ailleurs, telles quelles dans l'organisme animal. Il faut avant tout qu'elles soient dis-soutes et transformées en corps isomères par les sucs digestifs. C'est ainsi que le gluten ou fibrine végétale se transforme en peptone ou albuminose dans l'estomac des herbivores. Le pain, l'albumine de l'œuf, la musculine elle-même, ne pourraient être absorbés et assimilés s'ils ne subissaient des transforma-tions de même nature. Ces produits, une fois absorbés par les capillaires de l'estomac et de l'intestin, circulent dans le sang, où ils subissent de nouvelles transformations isomériques avant d'arriver dans les capillaires généraux. Ils ne sortent jamais tout formés de l'organisme, sauf dans certains états morbides tels que l'albuminurie, l'éclampsie et les cachexies de toute nature. On les retrouve alors dans les excrétions et dans les épanchements viscéraux. Ce sont là des symptômes très-graves, car ils indiquent constamment un trouble plus ou moins profond de la nutrition, qui ne peut se prolonger sans mettre en péril les jours de l'individu. Ces matières, étant indispensables à l'économie, leur déperdition continue amène un amaigrissement rapide, un affaiblissement général et finalement le marasme et la mort.

La composition des matières albuminoïdes est plus complexe encore que celle des principes de la deuxième classe. L'analyse élémentaire y a fait découvrir de l'oxygène, de l'hydrogène, du carbone, de l'azote, et très-souvent du soufre et du phosphore. Mais leur formule n'a pu être exactement établie jusqu'à ce jour. Elles seraient formées, suivant Mulder, d'un radical commun, la protéine ($C^{40}H^{30}Az^{10}O^{12}$), uni à un ou plusieurs atomes de soufre et de phosphore. Mais les recherches plus récentes de M. Henri Hunt ont montré que ce radical est purement hypothétique. « Ce dernier considère les matières albuminoïdes comme constituées par de la cellulose ou un congénère unis à l'ammoniaque, moins les éléments de l'eau. L'expérience prête à cette vue un appui réel ; car, d'un côté, on a pu dédoubler certaines d'entre elles en ammoniaque et en sucre fermentescible. D'autre part, des essais de synthèse entrepris par quelques chimistes ont montré que les sucres chauffés à 140° avec de l'ammoniaque aqueuse pouvaient former des amides incristallisables se rapprochant par quelques caractères des matières azotées dont nous nous occupons (1). » Ces corps peuvent donc être considérés comme des amides à la fois sulfurés et phosphorés ou simplement sulfurés, suivant l'espèce que l'on a en vue. Si de nouveaux faits viennent confirmer cette opinion, on finira peut-être par établir leur formule exacte, ce qui n'a pu être fait jusqu'à ce jour que d'une manière approxima-

____

(1) Schützenberger, *Chimie animale*. Paris, Masson, 1864, p. 27.

tive. Ils rentreront alors de plein droit dans le domaine de la chimie pure, d'où a voulu les chasser naguère un chimiste distingué, M. Fremy. L'organisation opposerait, selon lui, une barrière infranchissable aux reproductions synthétiques, et les matières albuminoïdes, n'étant point des principes immédiats définis, devraient être considérées comme des *corps semi-organisés*, « parce qu'ils tiennent le milieu entre le principe immédiat et le tissu organisé ».

Il ne nous appartient pas de nous inscrire en faux contre cette assertion du savant professeur du Muséum. Nous nous permettrons néanmoins de faire observer que son arrêt est quelque peu compromis par la théorie de M. Hunt et plus encore peut-être par les récents travaux de M. Berthelot. On sait que l'éminent chimiste est parvenu à faire la synthèse des corps gras. Or, à moins de considérer les graisses comme des substances inorganiques, on est bien forcé d'admettre que l'organisation s'est montrée dans ce cas beaucoup moins réfractaire aux reproductions synthétiques que ne le pense M. Fremy.

Toutes les matières albuminoïdes sont incristallisables, sauf l'hématoïdine, mais elles se coagulent très-bien sous l'influence de la chaleur, de l'alcool et des acides minéraux, ce qui leur a valu le nom de *matières coagulables*. Il en est même, comme la fibrine, qui se coagulent spontanément dès qu'on les a retirées des vaisseaux. Les acides faibles, tels que l'acide carbonique et l'acide borique, n'ont aucune action sur elles. L'acide citrique et l'acide acétique les réduisent en gelée soluble dans l'eau chaude. Quant à l'acide nitrique, il formerait avec elles, suivant Mülder, un composé nouveau auquel il a donné le nom d'*acide xanthoprotéique*. Cette transformation prouve qu'il est prudent de ne pas se servir des acides lorsqu'on veut obtenir ces corps dans toute leur pureté. Il vaut mieux, dans ce cas, employer la chaleur ou l'alcool, qui modifient l'état physique des principes coagulables, mais n'altèrent point leurs propriétés chimiques.

Les alcalis dilués transforment ces principes en une bouillie gélatineuse en partie soluble dans l'eau chaude. Si l'on sature la liqueur, la solubilité augmente et devient complète vers 50°. Mais le précipité reparaît pour ne plus se redissoudre si l'on traite le mélange par l'acide acétique. Somme toute, l'action des alcalis est plutôt diluante que coagulante. De là la diffluence du sang observée sur les animaux empoisonnés par l'ammoniaque. De là aussi les hémorrhagies passives qui peuvent survenir à la suite de l'abus des sels alcalins, tels que les carbonates de soude et d'ammoniaque (cachexie alcaline). C'est ce qu'on observe dans l'albuminurie ultime, où il y a urémie et même *ammoniémie*. L'urée accumulée dans le sang passe dans les sécrétions, et, au contact de l'air, elle se transforme en carbonate d'ammoniaque. Ce carbonate est résorbé, et l'*ammoniémie* fait suite à l'urémie. Il se produit un véritable *purpura hæmorrhagica*, comme dans le scorbut.

L'expérience a prouvé aussi que le sang absorbe mieux l'oxygène de l'air quand il est alcalinisé. De là l'indication des alcalins dans toutes les maladies dites de richesse, où la désassimilation trop lente accumule les urates dans le sang. C'est pour obvier à cet inconvénient qu'on ordonne l'eau de Vichy aux goutteux et aux graveleux. M. Bouchardat, qui a longtemps attribué le diabète au défaut de désassimilation du sucre, a préconisé les alcalins pour activer la combustion de cet agent. Quoique la théorie de M. Bernard soit acceptée aujourd'hui à peu près par tout le monde, les alcalins n'en ont pas moins conservé leurs indications et leurs bons effets, à cause de leur action stimulante sur les fonctions du foie. Mais on comprend qu'il faut toujours s'en servir avec prudence dans une maladie qui produit par elle-même l'anémie et conduit souvent à la phthisie.

Les sels métalliques ont une action inverse. Ils produisent, avec l'albumine et ses congénères, des combinaisons insolubles qui altèrent profondément leurs propriétés. Ainsi s'explique le pouvoir antiseptique de quelques-uns de ces corps et leur action toxique sur les éléments anatomiques et sur les organismes inférieurs. De là les modifications puissantes apportées dans le sang et dans les tissus par les sels de mercure et leur action héroïque contre le virus syphilitique. La molécule albuminoïde est pour ainsi dire immobilisée par l'action de la préparation mercurielle. Elle est par là même soustraite à l'action décomposante du virus; mais la nutrition devient paresseuse. Les transformations isomériques se faisant moins énergiquement, l'assimilation est moins active ; la déglobulisation arrive, et, à sa suite, l'anémie. Voilà pourquoi l'exercice, les bains excitants, les vins généreux, le fer et une alimentation fortement réparatrice, deviennent nécessaires pendant le cours du traitement mercuriel.

Si l'on se rend un compte exact des effets du virus sur les éléments anatomiques, on comprendra parfaitement et l'action du mercure et son inutilité dans certains cas de vérole bénigne. Les virus, comme les miasmes, ne sont pas, à proprement parler, des principes spéciaux, tels que les venins. Ce sont des modifications de la substance organisée portant principalement sur les principes albuminoïdes. Ces principes subissent parfois des modifications isomériques qui, sans leur faire perdre leurs caractères physiques, altèrent notablement leur état moléculaire. Ce sont ces modifications qui constituent l'*état virulent* de la matière organisée. Dès lors, cette matière acquiert la propriété de provoquer des modifications de même nature dans les tissus ou les humeurs avec lesquels elle se trouve en contact (Ch. Robin). Le virus syphilitique ou plutôt l'altération virulente qui caractérise le pus de la syphilis, agissant sur le sang d'un individu contaminé, y active aussitôt les transformations isomériques de la molécule azotée ; mais il rend ces transformations inutiles et même nuisibles, en les dénaturant. Dès lors, l'assimilation cesse de faire équilibre à la désassimilation. De là l'anémie, qui suit et précède quelquefois l'apparition des premiers accidents constitutionnels. Si le virus est en grande quantité et s'il agit très-énergiquement, le mercure devient absolument nécessaire pour arrêter ses ravages. Mais s'il agit peu énergiquement, la nourriture azotée, le fer et une bonne hygiène suffiront pour réparer les pertes occasionnées par une désassimilation vicieuse, et le mal disparaîtra peu à peu avec l'élimination progressive de la matière virulente.

Les matières albuminoïdes s'altèrent très-rapidement sur le cadavre, au contact de l'air et de l'humidité ; le premier effet de cette altération est le passage à l'état granuleux. Les principes coagulables contenus à l'état liquide ou demi-liquide dans l'intérieur des vaisseaux et dans l'interstice des éléments anatomiques s'épaississent et finissent par se prendre en masse. De là la rigidité cadavérique. Un peu plus tard surviennent les altérations virulentes de la matière organisée. C'est ce qui explique l'innocuité relative des piqûres anatomiques durant les dissections, et leur gravité exceptionnelle pendant les autopsies. Dans le premier cas, la matière organisée est souvent en voie de putréfaction; tandis que le moment des autopsies coïncide habituellement avec le début des altérations virulentes, ce qui rend le danger beaucoup plus grand. (Ch. Robin.)

La putréfaction serait déterminée, suivant M. Pasteur, par des ferments organisés du genre *vibrio*. Ehrenberg en a décrit six espèces qui sont autant de ferments de la putréfaction. M. Pasteur pense que ces êtres peuvent vivre sans oxygène et que la présence de ce gaz les empêche de se développer. La putréfaction serait précédée, selon lui, par le développement d'autres infusoires connus sous les noms de *Monas crepusculum* et de *Bacterium termo*. Ces infusoires absorbent bientôt tout l'oxygène contenu dans les liquides putrescibles et le remplacent par de l'acide carbonique. Aussitôt après, ils meurent, et cèdent la place aux vibrions. Dès lors, la putréfaction commence et s'accélère rapidement (1).

Sous l'influence de ce ferment organisé, il se produit une série de catalyses dédoublantes et combinantes qui provoquent la formation de principes divers aux dépens des matériaux contenus dans la substance organisée. Il y a d'abord dégagement de chaleur, dédoublement des principes incristallisables, combinaison de l'oxygène de l'air avec le carbone et l'hydrogène. D'où formation d'eau et d'acide carbonique. Les sels unis aux substances albuminoïdes et ceux qui sont en dissolution dans les liquides organiques se décomposent ensuite en donnant naissance aux produits suivants : Acide carbonique, hydrogène carboné, azote, hydrogène sulfuré, hydrogène phosphoré, ammoniaque, eau, acide acétique, huile et sels divers.

Ces phénomènes ont toujours lieu, suivant M. Pasteur, sous l'influence des vibrions. M. Robin n'est pas de cet avis. Il ne voit dans la putréfaction qu'une suite de catalyses qui débutent par l'absorption de l'oxygène et le dégagement de l'acide carbo-

____

(1) Voyez les *Comptes rendus de l'Académie des sciences*, 1863, t. LVI, p. 116 et 189.—Voyez aussi la thèse de M. Gantier sur les matières albuminoïdes. Paris, 1865.

nique. De là une première modification de la substance organisée qui est bientôt suivie de toutes les autres. Mais cette opinion n'a pour elle aucune preuve positive, tandis qu'on trouve
constamment des vibrions dans les liquides en voie de putréfaction. Ce fait paraît donner raison à M. Pasteur, cependant il
n'est point décisif ; car il reste toujours à se demander si les vibrions sont la cause ou l'effet de la putréfaction. Cette question
ne nous semble point résolue par les expériences de M. Pasteur,
ni par celles de ses partisans. Il est donc impossible, dans l'état
actuel de la science, de se prononcer catégoriquement dans l'un
ou l'autre sens.

Les propriétés physiques des matières albuminoïdes ne sont
pas moins remarquables que leurs propriétés chimiques. Quoique très-instables, elles ont toutes le pouvoir de fixer une grande
quantité d'eau sans se décomposer. Elles sont en même temps
colloïdes, c'est-à-dire qu'elles ne traversent point les membranes
lorsqu'on les soumet à la dialyse. Les principes liquides de
l'économie (produit de la digestion, plasma sanguin, blastèmes interstitiels) sont ainsi attirés vers les principes solides
(éléments anatomiques) dont le point de saturation est très-
élevé. De là l'activité de l'absorption et de l'assimilation, le
sentiment de la faim et de la soif et la tendance instinctive à la
réparation des forces après une abstinence prolongée ou une
perte organique sérieuse de quelque nature qu'elle soit.

D'autre part, l'albumine, la plasmine, la globuline et leurs
congénères protégées par leur état colloïde, ont très-peu de ten-
dances à s'échapper des vaisseaux. Le sang arrive ainsi sans
perte de substance dans les capillaires; mais il s'est suffisamment
modifié, durant son parcours, pour entretenir le courant exos-
motique qui a lieu incessamment des capillaires artériels vers
les éléments anatomiques et de ceux-ci vers les capillaires veineux. L'expérience a prouvé, en effet, que l'état isomérique des
matières albuminoïdes n'est pas le même dans les différentes parties de l'arbre circulatoire. Le sang retiré des artères et des grandes veines est en général spontanément coagulable. Mais dans
les glandes, où la nutrition est très-active, on trouve le sang beaucoup plus fluide, et il lui faut toujours beaucoup plus de temps
pour se coaguler. C'est le cas de la veine rénale, qui ne contient

pas du tout de fibrine et ne se coagule point par le battage.

Cette absence de fibrine dans le sang devait nécessairement attirer l'attention des physiologistes. Selon Virchow, cette substance n'existerait point normalement dans le sang. Il y aurait seulement une *matière fibrinogène* qui se transformerait en fibrine après la mort. MM. Schmidt et Lister pensent que cette transformation a lieu sous l'influence des globules, dont l'action catalytique se manifeste seulement dans le sang retiré des vaisseaux et exposé au contact de l'air.

M. Denis de Commercy partage l'opinion de Virchow quant à 'absence de la fibrine dans le sang normal; mais il l'explique différemment. Pour lui, la fibrine ne serait que le résultat du dédoublement de la plasmine, substance albuminoïde contenue à l'état de fluidité complète dans le sang. « Le sang contient environ 79 à 80 pour 1000 de substances protéiques; traité par du chlorure de sodium en poudre et en excès, il se coagule; ingt-six parties se précipitent sous la forme d'une matière blanche, pâteuse, insoluble, pulpeuse et non tenace, c'est la plasmine. Elle est soluble dans dix à vingt fois son poids d'eau; mais, au bout de cinq à quinze minutes, elle se dédouble, et forme, par coagulation spontanée, de trois à quatre parties d'un corps ayant tous les caractères de la fibrine ordinaire du sang, c'est la fibrine concrète. C'est là le premier produit du dédoublement de la plasmine. Dans l'eau de la solution de plasmine ainsi dissociée, on retrouve un deuxième produit du dédoublement; c'est la fibrine dissoute, qui est coagulable par le sulfate de magnésie (1) »

MM. Leconte et Goumouens (2) prétendent, de leur côté, que la fibrine, l'albumine, la caséine et la globuline ne sont pas des principes immédiats irréductibles. Ils ont examiné toutes ces substances au microscope; et, à l'aide d'un grossissement de six cents diamètres environ, ils sont parvenus, disent-ils, à y distinguer deux éléments physiquement et chimiquement distincts.

---

(1) G. Sée, *Études sur les Matières plasmatiques, la coagulation et la couenne du sang,* in *Journal d'anatomie et de physiologie de Ch. Robin,* 2ᵉ année, n° 6, novembre. — Voy., en même temps, les *Comptes rendus de l'Académie des sciences,* 1856, t. XLII, et le *Mémoire* de Denis sur le sang. Paris, 1859, in-8°.

(2) *Comptes rendus et Mémoires de la Société de biologie,* année 1853, p. 223.

L'un, qu'ils ont appelé *oxoluine*, est soluble dans l'acide acétique, tandis que l'autre (*anoxoluine*) est insoluble dans cet acide. On voit très-distinctement ces deux substances dans la fibrine du cheval et dans celle du chien. La première se présente sous forme de granulations très-fines disséminées à la surface et entre les mailles de la fibrine ; la seconde n'est autre chose que la fibrine elle-même, qui offre l'aspect de rubans parallèles d'un blanc légèrement jaunâtre, sans structure particulière.

Formation des principes immédiats. — Après avoir examiné d'une manière générale les propriétés diverses des trois classes de principes immédiats, il nous reste à dire un mot de leur formation. La formation des principes immédiats est un fait purement chimique. C'est un acte moléculaire souvent plus complexe, mais toujours analogue aux combinaisons et aux décompositions que nous produisons chaque jour dans nos laboratoires. Nous n'avons donc rien à dire de la formation des principes de la première classe, qui ont leurs représentants parmi les corps bruts. La plupart, comme nous l'avons déjà dit, pénètrent tout formés dans l'organisme, et ceux qui y prennent naissance par voie de combinaison avec des principes de même ordre demeurent, là comme ailleurs, soumis aux lois ordinaires de la chimie. Quelques-uns, comme le carbonate et le phosphate de chaux, s'unissent molécule à molécule avec les éléments anatomiques déjà formés ou en voie de formation. Ce mode d'union n'est pas une combinaison chimique, mais une incorporation pure et simple, une véritable *incrustation* ou *encroûtement*. Dans le cas particulier du cartilage, ce phénomène a reçu le nom d'*ossification*. Toutes les fois qu'un cartilage s'incruste de carbonate et de phosphate calcaires, il passe à l'état d'os, il s'*ossifie*.

Les principes de la troisième classe ont une évolution beaucoup plus complexe. Formés de toute pièce par les végétaux aux dépens des matières minérales, ils pénètrent tels quels dans l'estomac des animaux, où ils subissent une première modification isomérique qui change leur mode de coagulabilité, les rend solubles et, par là même, susceptibles d'être absorbés. Ainsi modifiés, ils arrivent dans le sang où on les trouve à l'état d'albuminose, d'albumine, de plasmine ou de matière fibrinogène.

Ils sont dès lors assimilés et se transforment en globuline, hématosine, caséine, musculine, osséine, kératine, etc., etc. Toutes ces substances forment la base des tissus et des humeurs. Elles se rapprochent beaucoup des premières par leur composition élémentaire, mais elles en diffèrent par leurs propriétés ; ce qui prouve que leur état moléculaire n'est plus le même.

L'école de Mülder, qui a pour elle le suffrage des chimistes et celui d'un très-grand nombre de physiologistes, attribue ces transformations à l'action de l'oxygène, qui en se fixant en proportions diverses sur l'albumine et ses congénères donnerait naissance à tous les matériaux azotés de l'organisme. Les produits de désassimilation tels que la créatine, la créatinine, l'urée, l'acide urique, résulteraient eux-mêmes d'une suroxydation des matières albuminoïdes. « L'albumine, dit Moleschott, se brûle dans le sang pour former de la fibrine, qui se coagule spontanément hors du corps. La substance principale des muscles, qui ne diffère de la fibrine du sang que légèrement, présente le même degré de combustion. Nous trouvons une autre combinaison de l'albumine avec l'oxygène dans la peau de l'enfant avant la naissance et dans celle du nouveau-né. Cette combinaison se change peu à peu en matière conjonctive qui se compose des mêmes principes gélatineux que les os... Le développement du sang, l'organisation de ses parties en tissus, sont donc liés à une absorption d'oxygène... Maintenant, la combustion qui avait changé les parties constitutives du sang en principes histogènes, continue sa marche. Les éléments des tissus se décomposent dès que l'oxygène se combine avec la matière qui les forme. La fibre charnue se décompose en une substance neutre, la créatine ; une basique, la créatinine ; une acide, l'acide inosique. Aux dépens d'une matière albuminoïde qui occupait le plus haut degré de composition organique, se forment d'autres corps azotés qui s'en distinguent par une richesse en oxygène toujours croissante. L'acide inosique qui, d'après Liebig, se trouve en quantité considérable dans la chair de poule, est une des matières les plus riches en oxygène qu'on ait rencontrées dans le corps (1). »

(1) Moleschott, *la Circulation de la vie*, traduction française du docteur Cazelles. Paris, Germer Baillière, 1866, p. 85 et 151.

C'est précisément le contraire qui se passe dans la plante. Tandis que l'animal a pour base l'albumine, le végétal se compose surtout de cellulose, matière tertiaire qui renferme douze équivalents de carbone unis à dix équivalents d'hydrogène et d'oxygène ($C^{12} H^{10} O^{10}$). Cette cellulose provient évidemment de l'eau et de l'acide carbonique, qui sont beaucoup plus riches qu'elle en oxygène. Pour que la cellulose et ses congénères (sucre et amidon) se forment, la plante est donc obligée de se débarrasser de l'oxygène en excès. Tout le monde sait en effet, que la respiration, qui n'est qu'une forme de la nutrition, est essentiellement différente chez les animaux et chez les végétaux. Pendant le jour, les premiers absorbent l'acide carbonique, le décomposent sous l'influence de la lumière, s'assimilent le carbone et rejettent l'oxygène ; tandis que le contraire a lieu nuit et jour chez les autres. La plante n'ayant besoin que d'une petite quantité d'oxygène pour s'organiser, rejette l'excédant qui lui est inutile. L'animal, au contraire, en consommant beaucoup pour former ses tissus, en rejette une quantité moindre que le végétal. La combustion joue, comme on le voit, un très-grand rôle dans cette théorie. C'est elle qui provoque la plupart des transformations organiques.

M. Robin est d'un avis un peu différent. Sans refuser à l'oxygène la part qui lui est due dans l'évolution des principes immédiats, il pense qu'il n'y a pas, à proprement parler, d'oxydations directes dans l'organisme. Il n'y a que des dédoublements suivis de substitutions et des transformations isomériques provoqués par l'action des principes immédiats les uns sur les autres. Ainsi, par exemple, tandis que l'albuminose apparaît dans l'estomac au contact de la pepsine, l'albumine se formerait dans le sang au contact de l'albuminose, la plasmine au contact de l'albumine, etc. Les substances albuminoïdes jouant ainsi le rôle de ferment les unes par rapport aux autres, arriveraient au dernier terme de leur développement sans avoir subi ni addition ni soustraction d'élémeuts. Il n'y aurait de changé que leur état moléculaire et, par suite, leurs propriétés. M. Robin a donné à ces actes chimiques indirects, tout à fait comparables aux phénomènes catalytiques, le nom de *catalyses isomériques* ou *métamorphosantes*.

Les transformations régressives de ces substances et de tous les principes immédiats en général ont lieu, suivant lui, en vertu d'un mécanisme analogue. Mais alors il n'y a plus seulement changement d'état moléculaire ; il s'opère, dans ce cas, un véritable dédoublement. La *catalyse métamorphosante* est remplacée par une *catalyse dédoublante*. Les sucres, par exemple, passent d'abord à l'état de dextrine et de glycose pour se dédoubler ensuite en acide carbonique, en hydrogène et en acide lactique sous l'influence des autres principes contenus dans le sang. L'urée, la créatine, la créatinine se formeraient de même par suite du dédoublement des principes de la troisième classe, tels que l'albumine, la plasmine, la fibrine, la musculine, la kératine, etc.

La théorie de la respiration, telle que l'ont formulée Lavoisier et les chimistes de nos jours, paraît même contestable à M. Robin. Il en ferait volontiers le sacrifice pour revenir aux idées de Pepys et d'Allen. Pour lui, comme pour eux, l'oxygène, en se combinant aux globules, ne brûlerait pas le carbone, qui n'y existe pas à l'état libre ; il en chasserait simplement l'acide carbonique. L'hématosine ne s'oxyderait point, elle ne ferait que se dédoubler sous l'influence de l'oxygène. Godwin et Spallanzani avaient également nié l'oxydation des substances organiques. Ce dernier, notamment, ayant remarqué que toutes les parties des êtres organisés morts ou vivants absorbent de l'oxygène et dégagent un égal volume d'acide carbonique, en avait conclu qu'il y a substitution du premier gaz au second, et non oxydation directe du carbone contenu dans les tissus. Mais ce fait, fût-il exact, nous semblerait peu concluant : il s'explique tout naturellement par la loi de Gay-Lussac sur les volumes des gaz composés. On sait, en effet, que le volume de l'acide carbonique est précisément égal à celui de l'oxygène qui a servi à le former.

Il nous paraît d'ailleurs assez difficile de concilier l'opinion de M. Robin avec les expériences de M. Cl. Bernard et celles de MM. Estor et Saint-Pierre, qui établissent que le sang est d'autant moins riche en oxygène et d'autant plus chargé d'acide carbonique qu'il s'éloigne davantage du centre circulatoire. Dans les dernières ramifications artérielles il peut même devenir complétement noir. La proportion d'oxygène diminue aussi notablement quand la circulation est ralentie ou arrêtée momentanément par une cause ou par une autre. Lorsqu'on enlève le compresseur après les grandes opérations, le sang qui s'échappe de l'artère est beaucoup plus noir qu'à l'ordinaire et sa coloration est d'autant plus prononcée que la région est moins riche en collatérales. MM. Estor et Saint-Pierre ont dressé le tableau des quantités variables d'oxygène contenues dans les différents points du torrent circulatoire. Il résulte de leurs observations que les variations moyennes de l'oxygène dans le sang artériel sont les suivantes :

Artère carotide........	oxygène...	21,06 p. 100 parties de sang.
Artère rénale.........	—	18,22	— —
Artère splénique.......	—	14,38	— —
Artère crurale	—	7,62	— — (1).

Ces faits semblent, de prime abord, complétement démonstratifs. En effet, si l'acide carbonique augmente en raison de la quantité d'oxygène qui arrive, il est naturel d'en conclure qu'il y a oxydation directe du carbone, comme dans les combustions ordinaires. Mais on peut répondre, en invoquant la théorie des substitutions, que l'acide carbonique a été éliminé de ses combinaisons en présence de l'oxygène à qui il a cédé sa place. L'oxygène étant ainsi consommé à mesure qu'il arrive et l'acide carbonique demeurant à l'état libre, on s'explique facilement la diminution et l'augmentation corrélatives des deux gaz. Les deux hypothèses peuvent donc être soutenues ; mais, au fond, elles avancent peu la solution de la question. Quelque parti que l'on prenne, on est toujours forcé de reconnaître, que la formation des principes immédiats est encore entourée de nombreuses obscurités.

Notre ignorance à cet égard ne saurait d'ailleurs nous étonner outre mesure, vu l'extrême instabilité des principes de la troisième classe et de quelques-uns de ceux de la seconde. Le milieu physiologique, s'altérant avec une très-grande rapidité, se dérobe presque toujours à nos investigations. Nous assistons à l'entrée et à la sortie des principes immédiats, nous en voyons même quelques-uns se former sous nos yeux (dextrine, albu-

(1) Estor et Saint-Pierre, *Mémoire sur les combustions respiratoires*, in *Journal d'anatomie et de physiologie* de Ch. Robin, t. II, p. 310.

minose, etc.) ; mais, en général, leur évolution intermédiaire nous échappe. L'analyse anatomique, même la plus minutieuse, nous donne des résultats, non des actes. Elle nous montre les effets des modifications moléculaires qui ont lieu pendant la vie, dans l'intimité des humeurs et des éléments anatomiques, mais ne nous renseigne qu'imparfaitement sur leur mode de production. Nous trouvons de l'albumine, de la fibrine, de la créatine, de la créatinine, des inosates, etc., dans les tissus et dans les humeurs, mais nous ne savons pas au juste quel est l'acte chimique spécial qui a donné naissance à ces différents corps, s'ils sont le résultat d'un dédoublement, d'une combinaison ou d'une transformation isomérique. Dans l'état actuel de la science, il est à peu près impossible de se prononcer d'une manière positive sur le plus ou moins de valeur des deux théories que nous venons d'examiner. Quant à nous, nous pensons qu'aucune des deux n'est vraie d'une façon absolue, mais que l'une et l'autre peuvent être adoptées dans une certaine mesure. Cette opinion de juste milieu nous paraît pleinement justifiée par les expériences récentes de M. Berthelot sur la chaleur de formation des composés organiques.

Dans ses leçons professées au collège de France, dans le semestre d'été de 1865, M. Berthelot a examiné successivement les effets calorifiques produits par : 1° la fixation de l'oxygène sur divers principes organiques ; 2° la production de l'acide carbonique par oxydation ; 3° la production de l'eau par oxydation ; 4° la production de l'acide carbonique par dédoublement ; 5° la production d'un volume d'acide carbonique égal au volume d'oxygène absorbé ; 6° la production de l'eau par dédoublement et par combinaison de deux principes organiques et sa fixation sur ces principes. Le professeur a constaté que, dans ces différents cas, il pouvait y avoir dégagement ou absorption de chaleur ; mais qu'en général, les combinaisons sont *exothermiques*, tandis que les décompositions sont *endothermiques*. Les transformations isomériques peuvent être aussi, selon les cas, exothermiques ou endothermiques.

Il résulte, en outre, de ces expériences, que la combustion du carbone et de l'hydrogène est loin d'être le seul mode de production de la chaleur animale. La formation de l'eau et de l'acide carbonique par dédoublement et l'hydratation des divers principes organiques peuvent aussi y donner lieu. Ainsi, par exemple, les substances albuminoïdes « produisent des phénomènes calorifiques tranchés, lors de leur hydratation avec dédoublement, ou de leur déshydratation avec combinaison ; — les hydrates de carbone (sucre, amidon, etc.) peuvent dégager de la chaleur par le seul dédoublement, indépendamment de toute oxydation ; — enfin les corps gras neutres peuvent aussi donner de la chaleur en se dédoublant par simple hydratation, comme il paraît arriver sous l'influence du suc pancréatique (1). » Les critiques de M. Robin paraissent donc parfaitement fondées sous certains rapports ; mais il s'en faut de beaucoup qu'on puisse généraliser sa théorie.

Quelles que soient d'ailleurs les modalités successives ou simultanées des actes moléculaires dont il vient d'être question, ces actes n'en constituent pas moins à eux seuls le fait primordial, suffisant et caractéristique de la vie. C'est ce double mouvement de composition et de décomposition, d'entrée et de sortie des principes immédiats qui caractérise la nutrition, propriété fondamentale des êtres vivants. Or, ces principes ou leurs éléments venant tous du dehors, il s'ensuit que la plante et l'animal ne pourraient vivre ni se former sans l'intervention incessante du milieu ambiant. La vie, réduite à sa plus simple expression, la nutrition, consiste donc uniquement dans un échange continu de matière entre l'organisme et le milieu cosmique. Cet échange moléculaire, provoqué originairement chez le végétal par la lumière du soleil, devient à son tour un principe de force et d'activité pour la plante et pour l'animal. « Sans le soleil, la réduction de l'acide carbonique n'aurait pas lieu (chez les végétaux), et elle exige une dépense de lumière solaire au moins égale au travail moléculaire accompli. C'est ainsi que s'élèvent les arbres, c'est ainsi que verdissent les prairies, c'est ainsi que les fleurs s'épanouissent... Dans le corps de l'animal les substances végétales arrivent de nouveau au contact de l'oxygène, et elles brûlent en nous comme le charbon sur une grille. La chaleur née de cette combustion est la source de

______

(1) Berthelot, *De la chaleur animale,* in *Journal d'anatomie et de physiologie* de M. Robin, t. II, p. 671.

toute la puissance des animaux ; et les forces mises en jeu sont encore les mêmes, quant au genre, que celles qui opèrent dans le monde inorganique. Dans la plante le ressort est monté, dans l'animal il se détend. Dans la plante les atomes se séparent, dans l'animal ils se combinent de nouveau (1). »

L'étude des principes immédiats nous permet donc d'établir dès à présent que la matière est une statiquement et dynamiquement. Les phénomènes se modifient avec les conditions d'existence des corps, dont la perfection dynamique augmente ou diminue selon la complexité plus ou moins grande de leur composition et de leurs rapports ; mais ce sont toujours les mêmes éléments et les mêmes propriétés fondamentales qui sont en jeu. La vie elle-même, dans son expression la plus élevée et la plus complexe, n'est qu'une des formes de l'activité de la matière parvenue au dernier terme de ses évolutions.

§ II. — DES BLASTÈMES ET DES PLASMAS (2).

Lorsque les principes immédiats des trois classes se trouvent réunis en proportions suffisantes, dans un milieu et dans des conditions appropriés à l'évolution physiologique, ils constituent des liquides éminemment complexes que l'on désigne habituellement sous les noms de *blastèmes* et de *plasmas*. Ces liquides, considérés d'une façon générale et abstraite, constituent les premiers rudiments de l'organisation ; c'est la matière organisée réduite à sa plus simple expression, c'est-à-dire à l'union moléculaire de principes immédiats nombreux se dissolvant réciproquement les uns les autres. Cette définition très-générale s'applique surtout aux blastèmes. Le mot *plasma* a toujours un sens plus restreint ; car les liquides de ce genre ne s'observent que sur la plante ou l'animal déjà formés. C'est, au contraire, au sein des blastèmes et à leurs dépens que se forment

---

(1) Tyndall, *De la chaleur considérée comme mode de mouvement*, traduction de l'abbé Moigno, p. 424.

(2) L'étude des blastèmes, des plasmas et des autres liquides de l'organisme, est quelquefois désignée sous le nom d'*hygrologie* (*Étude des humeurs*). Mais c'est là un abus de langage. Car les humeurs, telles que le sang, la lymphe, etc., sont des corps composés, à la fois, de principes immédiats liquides et d'éléments anatomiques. L'*hygrologie* occupe, en anatomie générale, le même rang que l'*histologie* ou étude des tissus.

tous les êtres vivants. Ces liquides sont, par conséquent, antérieurs à l'organisation. Mais leur évolution directe n'ayant pas encore été observée expérimentalement, il nous est impossible, dans l'état actuel de la science, de les étudier ailleurs que dans les tissus des êtres déjà formés.

« On entend par *blastème* ou *cytoblastème* (dans ces conditions) toute substance liquide ou demi-liquide épanchée entre les éléments anatomiques d'un tissu ou à sa surface » (Ch. Robin). De Mirbel avait déjà désigné sous ce nom l'embryon végétal, abstraction faite des cotylédons. Après lui, Schleiden et Schwann s'en sont servis dans le sens plus général que nous lui donnons ici et qui est accepté aujourd'hui par tous les physiologistes. Chez l'adulte, le blastème provient des vaisseaux du tissu où on le trouve. Il est fourni et par le plasma contenu dans les capillaires et par les liquides contenus dans l'intérieur des éléments anatomiques côtoyés par ces vaisseaux. Il contient, à la fois, les produits de l'assimilation fournis par les capillaires artériels et ceux de la désassimilation rejetés dans les capillaires veineux par les éléments anatomiques. Il n'existe en quelque sorte qu'à l'état virtuel ; car il est toujours en voie de formation et se renouvelle sans cesse, grâce au double courant d'osmose et d'exosmose auquel il est soumis. Les éléments s'y forment et s'y régénèrent constamment, molécule à molécule, au fur et à mesure de sa production. Chez les végétaux adultes, il est exsudé par les cellules et par les vaisseaux nourriciers dans les espaces intercellulaires où naissent les bourgeons et les cellules de nouvelle formation. Chez l'embryon encore sans vaisseaux, il est exsudé par les cellules embryonnaires ou résulte de leur liquéfaction. Dans l'œuf et dans la graine fécondés, il est essentiellement constitué par le liquide contenu dans la membrane vitelline et dans la vésicule embryonnaire.

Il y a aussi des blastèmes accidentels ou pathologiques, tels que la lymphe plastique, qui est exsudée à la surface des plaies, dans le tissu cellulaire, dans les cavités séreuses, etc. Cette lymphe est surtout fournie par le plasma sanguin, mais les liquides contenus dans l'intérieur des éléments y entrent aussi pour une assez grande part. Elle se forme, sinon dans les mêmes conditions, au moins par le même mécanisme que les blastèmes normaux. « En définitive, dit M. Robin, il y a autant d'espèces diverses de blastèmes que de conditions dans lesquelles ils sont versés (1). »

Ces conditions, comme on le voit, sont très-diverses. Il y a même des cas où il est fort difficile de distinguer les blastèmes des plasmas d'où ils proviennent, à cause du courant non interrompu qui s'opère simultanément des capillaires vers les éléments anatomiques et de ces derniers vers les capillaires. M. Robin nous paraît disposé aujourd'hui à restreindre de beaucoup le sens du mot blastème. On ne devrait, selon lui, ranger parmi les blastèmes que les substances liquides ou demi-liquides où se forment de toute pièce des éléments nouveaux, sans l'intervention *directe* du mouvement nutritif. Ainsi, les liquides contenus dans l'intérieur et dans l'interstice des éléments et la lymphe plastique elle-même, en voie de formation, c'est-à-dire à l'état dynamique, seraient élevés au rang des humeurs au même titre que les plasmas. On ne trouverait donc plus de blastèmes que dans l'embryon avant la formation des vaisseaux et dans les cavités séreuses ou dans les tissus, après l'évolution complète ou l'arrêt de développement de l'inflammation. L'état statique serait, d'après cela, la caractéristique des blastèmes, tandis que l'état dynamique distinguerait surtout les plasmas.

Après les détails qui précèdent nous n'avons plus qu'un mot à dire sur les plasmas. Ce sont eux qui constituent la partie liquide du sang et des humeurs. Ils tiennent en suspension des éléments solides, tels que globules, leucocytes, etc., et ont surtout pour objet de dissoudre les principes immédiats, afin de rendre possibles les échanges moléculaires et, par suite, le travail de la nutrition. Tels sont les plasmas du sang et de la lymphe, celui du lait, qui dissolvent l'albumine, la fibrine, la caséine et les divers principes minéraux contenus dans ces humeurs. Il se forme aussi exceptionnellement des plasmas dans l'interstice des éléments anatomiques. Tel est le plasma du pus qui tient en suspension les leucocytes ou globules purulents analogues à ceux de la lymphe.

Les blastèmes et les plasmas jouent, par rapport aux éléments anatomiques, le même rôle que les milieux cosmiques par

(1) Robin, *loc. cit.*

rapport à l'organisme tout entier. L'air, l'eau, les aliments divers (minéraux ou organiques), la chaleur, la lumière, l'électricité, sont les conditions nécessaires et médiates de la vie animale. Les plasmas et les blastèmes en sont les conditions immédiates. Ils constituent ce *milieu intérieur*, dont nous avons déjà parlé et qui est le fond commun des matériaux assimilables.

Ces liquides sont déjà très-différents des corps bruts ; car il s'y forme à chaque instant des éléments doués de propriétés vitales. Parfois même on les voit s'isoler, s'individualiser, tout en conservant leur forme indécise et leur consistance gélatineuse, pour donner naissance à des animaux véritables. Tels sont les amibes décrites par Dujardin ; ce sont des masses gélatiniformes, homogènes, sans organe apparent, qui pourtant se nourrissent, se développent, se reproduisent et sont douées d'une sorte de contractilité. Ces infusoires ont été rangés par Dujardin dans la classe des protées, à cause de l'instabilité de leurs formes. On les trouve dans les eaux stagnantes, au milieu des détritus formant une couche vaseuse. Ils sont transparents et colorés de diverses façons, suivant les matières qu'ils ont absorbées. Leurs mouvements se réduisent à des contractions et à des rétractions alternatives très-lentes, tout à fait analogues à celles des globules blancs des crustacés et des animaux inférieurs en général. Il est impossible de voir dans ce premier degré de l'organisation autre chose qu'un amas de principes immédiats dont les affinités réciproques et simultanées ont produit l'individu en question, chez qui la vie se réduit à un échange continu de matière entre l'eau, son milieu naturel, et la masse gélatineuse qui le constitue.

Demandons-nous maintenant comment se forment ces mélanges ou ces combinaisons de principes immédiats qui jouissent de propriétés si extraordinaires et si inattendues. Dans l'état actuel des choses, la réponse est facile. Tous les blastèmes procèdent directement ou indirectement de la fécondation. Ils ont tous pour origine des éléments anatomiques préexistants. Quant aux plasmas, ils sont le produit direct de la digestion et de l'absorption. Mais à la fin de la période ignée, alors qu'il n'y avait sur notre globe ni plantes, ni animaux, ni germes d'aucune espèce, la vie a dû nécessairement se produire en vertu d'un déterminisme sans analogie avec le mode actuel de reproduction des êtres organisés. S'il est vrai, comme l'ont prouvé les récentes communications de M. Coste à l'Académie des sciences, qu'on n'a pu encore réaliser artificiellement les conditions nécessaires à la génération spontanée des organismes inférieurs, il n'en faut pas moins reconnaître, à moins de se trouver en désaccord avec la physique, la géologie et l'anatomie comparée (1), que ces conditions ont dû exister jadis sur notre planète. Lors même qu'on se bornerait à admettre l'origine ignée de notre globe, qui n'est plus guère, à l'heure qu'il est, contestée par personne (2), il serait impossible de se figurer qu'un corps organisé ou une substance appartenant à la classe des albuminoïdes ait pu se montrer dans un milieu où les corps les plus stables, tels que le fer et le platine, étaient volatilisés par la chaleur. Il est même infiniment probable que le nombre des combinaisons chimiques devait être alors très-restreint. Comment les affinités molécu-laires auraient-elles pu se manifester efficacement dans cette atmosphère de gaz incandescents, où l'action divellente du calo-

(1) Voyez la note A à la fin de ce travail.

(2) Deux géologues éminents, MM. Constant Prévost et Lyell, ont combattu cette idée, en prétendant que les changements survenus à la surface du globe pou-vaient parfaitement s'expliquer par l'*action continue des mêmes causes*. Ils nient la théorie des soulèvements brusques et prétendent que les éruptions volcaniques sont dues, non à l'influence du feu central, mais à des gisements partiels de matières ignées ou gazeuses, situées à des profondeurs diverses dans l'épaisseur du globe. La terre aurait, d'après cela, une sorte d'éternité et n'aurait jamais subi les transfor-mations physiques et chimiques admises par la plupart des géologues. Mais, comme le fait observer avec raison M. Bertrand de Saint-Germain, dans sa traduction du *Protogée* de Leibnitz, cette opinion est en contradiction formelle avec une foule de faits, tels que : « 1° la forme sphéroïdale de la terre, renflée au centre et aplatie à ses extrémités ; 2° la concentration de la chaleur terrestre, d'où l'on conclut à l'ori-gine ignée de notre planète ; 3° le changement de température des régions boréales, dont les couches fossilifères nous offrent les traces d'une végétation et d'une faune analogues à celles des tropiques, circonstance qui vient à l'appui d'un état primitif d'incandescence et d'un refroidissement graduel ; 4° l'ensevelissement en masses des espèces perdues, d'où l'on conclut à des révolutions soudaines et à de grands cata-clysmes ; 5° enfin, tous les faits produits par M. Élie de Beaumont pour établir le brusque soulèvement des montagnes, comme un résultat de la contraction de l'écorce terrestre, par suite de son refroidissement, ce qui nous donne l'explication des grandes inondations dont cette surface porte partout l'empreinte. »

(Voyez la note A à la fin de ce travail.)

rique, à peine maîtrisée par la force centripète, était presque sans bornes ?

Il est donc de la dernière évidence que les substances albuminoïdes, voire même les corps gras et beaucoup d'autres principes de la première et de la seconde classe, n'ont pu exister de tout temps sur la terre. La conclusion naturelle à tirer de ces prémisses, c'est que les corps simples, qui entrent dans la composition des principes immédiats, ont dû se trouver, à un moment donné, dans des conditions appropriées à la formation de ces principes. Ceux-ci, bénéficiant à leur tour des modifications incessantes du milieu où ils avaient pris naissance, ont fini par se mélanger assez intimement pour former un blastème naturel au sein duquel sont nées les premières cellules végétales ou animales. La vie s'est manifestée alors avec ses attributs les plus élémentaires, pour arriver progressivement, en vertu de la *concurrence vitale* et de *l'élection naturelle* (1) ou de tout autre procédé encore inconnu, aux types si divers qu'elle affecte aujourd'hui. Ce fait, d'ailleurs si remarquable, n'a rien de surnaturel. Il n'était pas besoin d'une force occulte ou d'un être immatériel pour la produire. On reconnaîtra même, si l'on va au fond, qu'il n'est ni plus étonnant, ni plus prodigieux que la formation d'un corps quelconque. C'est une évolution nouvelle de la matière, un phénomène plus complexe que la simple combinaison chimique. Mais, comme tous les phénomènes de la nature, il dépend avant tout des propriétés physiques et chimiques des corps simples qui lui servent de substratum et de celles du milieu où il s'est produit. Telles sont les évolutions successives et la hiérarchie ascendante de l'être à la surface du globe. Les principes minéraux, diversement modifiés par l'action des forces cosmiques intrinsèques ou extrinsèques, ont produit les principes immédiats, dont la combinaison, en proportions plus ou moins complexes, a donné naissance aux premiers blastèmes organisables, et ceux-ci aux corps organisés.

Hypothèses, dira-t-on ; soit. Mais ces hypothèses s'appuient sur des faits incontestables et sur l'impossibilité même où l'on se trouve d'expliquer autrement la formation de la matière orga-

(1) Ces deux mots ont été créés par Darwin. Voyez leur explication dans la note A à la fin de ce travail.

nisée. Elles ont d'ailleurs le mérite de ne point blesser la raison et de se prêter d'avance à toutes les modifications que les progrès ultérieurs de la science pourront leur faire subir. « Il n'y a de vérités positives pour l'homme, a dit Lamarck, que les faits qu'il peut observer et non les conséquences qu'il en tire ; que l'existence de la nature qui lui présente ces faits et les matériaux pour les obtenir, enfin, que les lois qui régissent les mouvements et les changements de ces parties. Hors de là, tout est incertitude ; quoique certaines conséquences, théories, opinions, etc., aient plus de probabilité que d'autres (1). » Ces sages réflexions n'ont pas empêché le grand naturaliste de soutenir l'hypothèse de la génération spontanée et de la transformation des espèces en ayant soin d'ajouter que ces interprétations expriment non des vérités absolument démontrées, mais des faits possibles et probables. Nos prétentions ne vont pas au delà. Il nous sera pourtant permis de faire remarquer qu'aucune explication ne s'accorde mieux avec les faits actuels et que c'est la seule rationnelle, puisque toutes les autres sont en contradiction avec les lois physiques, chimiques et biologiques constatées aujourd'hui.

Parmi toutes ces opinions, je n'en veux relever qu'une, la moins contestable de toutes, celle de Virchow : Virchow n'admet pas la libre formation des cellules et des autres éléments au sein des blastèmes. Pour lui, toute cellule vient nécessairement et constamment d'une autre cellule, sans blastème préexistant ; *omnis cellula e cellula*. Tel est l'axiome fondamental de la *Pathologie cellulaire*, livre d'ailleurs si remarquable sous d'autres rapports. Or, l'éternité de la cellule est physiquement et chimiquement impossible ; car, ainsi que nous le disions tout à l'heure, aucune cellule n'aurait pu résister à la chaleur inouïe qui a régné autrefois à la surface du globe et qui embrase encore ses parties centrales (2). Elle n'est pas vraie non plus

____

(1) Lamarck, *Philosophie zoologique, Avertissement*, p. 22. Paris, 1809, in-8°.

(2) L'éminent biologiste est lui-même de cet avis. Voici comment il s'exprimait naguère à ce sujet devant le congrès des naturalistes allemands : « L'histoire de notre globe nous apprend qu'une espèce a pris naissance après l'autre, et ici nous voyons de nouveau se dessiner la grande différence qui sépare la nature inorganique de la nature organique. Nulle part nous ne trouvons l'origine du monde ; impossible d'aller au delà du monde. Mais la vie a eu nécessairement un commencement, car la géologie nous conduit à des époques de la formation de la terre où la vie était impos-

physiologiquement ; car le microscope a prouvé depuis long-temps que les éléments constituants et un certain nombre de produits ne naissent point par segmentation ou par gemmation, comme le croit Virchow, mais par substitution. Les éléments primitifs se liquéfient, et, au sein du liquide ainsi formé, on ne tarde pas à en voir apparaître de nouveaux. Il y a donc des blas-tèmes proligères, quoi qu'en dise l'éminent professeur de Ber-lin. A quoi serviraient d'ailleurs les blastèmes et les plasmas, s'ils n'étaient pas destinés à produire les éléments nouveaux et

sible, où l'on n'en trouve ni traces ni débris. Mais, si la vie a eu un commence-ment, il doit être possible à la science de déterminer scientifiquement les conditions de ce commencement. Jusqu'ici le problème n'est pas résolu. Il y a plus, nos obser-vations ne nous permettent même plus de regarder l'invariabilité des espèces, qui nous paraît si bien établie de nos jours, comme une loi ayant toujours existé ; car la géologie nous fait connaître une espèce de gradation suivant laquelle les espèces se sont succédées, les espèces supérieures venant après les espèces inférieures ; et quoi-que les observations actuelles combattent cette hypothèse, je suis forcé d'avouer que je regarde comme une nécessité scientifique de revenir de nouveau à la possibilité de la transformation d'une espèce dans l'autre. Alors seulement la théorie mécanique de la vie acquiert une véritable certitude... En attendant, il existe là une lacune pro-fonde dans nos connaissances. Nous est-il permis de la combler par des suppositions ? Certainement, car ce n'est que par des suppositions que les voies de la recherche peuvent être tracées dans les domaines nouveaux. Il existe bien une autre manière de remplir ces lacunes. On peut puiser dans les traditions religieuses l'histoire de la création, et par là vouloir tout simplement exclure les recherches. Mais je vous le dis hautement, on n'a aucun droit, même en admettant la création personnelle, de regarder comme intolérables les recherches faites dans le but de connaître l'accom-plissement mécanique de cette création. Ce serait contraire à la nature humaine, ce serait une attaque contre l'esprit. » (Virchow, *Discours prononcé au Congrès des naturalistes allemands, dans la session tenue à Calsrhue, sur la Conception méca-nique de la vie. — Revue des Cours scientifiques* du 7 avril 1866, n° 19, traduction de M. Feltz.)

Nous n'avons pu résister au plaisir de citer d'un bout à l'autre ce paragraphe, où l'illustre savant revendique, en termes à la fois si modérés et si éloquents, les droits de l'humanité et de la science contre les prohibitions arbitraires du despo-tisme et de la superstition. Ces paroles serviront d'ailleurs de justification à notre thèse, en légitimant l'usage des hypothèses rationnelles, non comme base, mais comme point de départ des investigations scientifiques. On y trouvera en même temps une confirmation nouvelle de ce que nous avancions tout à l'heure touchant la non-éternité de la matière organisée. Mais, après l'aveu fait par Virchow à ce sujet, on ne peut qu'être étonné de ses préventions contre les générations directes ou spontanées et de sa persistance à soutenir la théorie cellulaire, à l'exclusion de tout autre mode de genèse. En effet, si la cellule n'a pu exister de tout temps, comment ustifier l'axiome : « *Omnis cellula e cellula ?* »

à entretenir l'intégrité des anciens ? La segmentation et le bourgeonnement sont deux modes de reproduction dont il faut certainement tenir compte, et nous aurons occasion d'en parler bientôt à propos de la genèse des éléments. Mais la fécondité des blastèmes n'en est pas moins incontestable, et il est certain que c'est là la source première de tous les corps organisés.

Les blastèmes sont d'ailleurs dépourvus de toute propriété vitale effective. La vie y existe en puissance, non en acte. Ce sont ces liquides qui méritent réellement le nom de *corps hémi organisés* improprement attribué aux principes coagulables. L'albumine, la fibrine, la caséine, etc., prises à part, sont des substances chimiques dont on connaît les affinités et, jusqu'à un certain point, les formules atomiques. Mais comment caractériser ces corps qui tiennent le milieu entre la matière organisée à l'état d'élément anatomique et la matière brute ? Dans l'état actuel de la science, cela paraît presque impossible. Nous voyons tous les jours des éléments anatomiques se former de toute pièce au sein de la lymphe plastique exsudée à la surface des plaies. Nous voyons de même ces éléments se former et se déformer sans cesse, durant l'acte de la nutrition, attirant à eux les principes immédiats qui leur conviennent, et repoussant ceux qui ne peuvent plus leur servir. Ce sont là des phénomènes vitaux par excellence ; car ils se produisent toujours chez les êtres vivants et jamais chez les corps bruts. Et pourtant, quelles analogies n'ont-ils pas avec les phénomènes chimiques. Ce corps qui naît spontanément au sein d'une dissolution, cet élément qui s'assimile tel principe plutôt que tel autre, et où de nouvelles molécules arrivent incessamment pour remplacer les anciennes, dont on retrouve les résidus dans le sang et dans les humeurs... Y a-t-il rien qui ressemble davantage aux combinaisons et aux dissociations chimiques ?

Les vitalistes, qui repoussent absolument ces analogies, ont cru tout expliquer en disant que l'élément anatomique *choisit* les principes qui lui conviennent et se débarrasse des autres. Pourquoi donc s'assimile-t-il les poisons ? Est-ce en vertu d'une délibération du principe vital ? En ce cas, ce prétendu principe ferait bien mieux de s'abstenir ; car il entend bien mal les intérêts de l'organisme. Passe encore pour les médicaments, mais les poisons, à quoi servent-ils, sinon à compromettre la vie, et..... le discernement du principe vital? La genèse des éléments aussi bien que leur nutrition et leur développement obéit donc uniquement aux lois des affinités moléculaires. Ce point de vue n'avait pas échappé à de Blainville : « Un corps vivant, dit-il, est une sorte de foyer chimique où il y a à tout moment apport de nouvelles molécules et départ de molécules anciennes ; où la combinaison n'est jamais fixe (si ce n'est dans un certain nombre de parties véritablement mortes, ou de dépôt), mais toujours, pour ainsi dire, *in nisu*; d'où mouvement continuel plus ou moins lent, et quelquefois chaleur. La vie est donc le résultat d'une sorte de combinaison chimique, ou mieux le moment de la tendance à la combinaison qui se répète pendant un temps plus ou moins long et avec une énergie plus ou moins forte, ou bien, la vie est l'acte ou le résultat d'une combinaison *in nisu* successivement répétée (1). »

On trouvera peut-être que nous avons eu tort d'insister sur ces faits avant de parler des propriétés végétatives des éléments anatomiques. Mais nous ne pouvions donner une idée exacte des blastèmes sans empiéter un peu sur l'étude des propriétés vitales. Car, comme nous le disions tout à l'heure, la matière organisée est déjà vivante et autonome dans les blastèmes. Le mouvement nutritif et évolutif y a lieu aussi bien que dans les éléments qui se forment, se nourrissent et se développent aux dépens de ces liquides. Leur étude se place donc naturellement entre celle des principes immédiats, d'où ils proviennent, et celle des éléments anatomiques auxquels ils ont primitivement donné naissance.

§ III. — DES ÉLÉMENTS ANATOMIQUES.

Nous venons de voir la matière organisée à l'état de diffusion dans les blastèmes et dans les plasmas. Il nous reste à étudier maintenant cette matière individualisée et passée à l'état d'être organisé sous forme d'élément anatomique. L'élément anatomique est, en effet, le dernier terme des transformations de la

(1) Ducrotay de Blainville, *De l'organisation des animaux ou Principes d'anatomie comparée.* Paris, Levrault, 1822, t. I, p. 16.

matière. C'est de tous les composés définis le plus complexe statiquement et le mieux doué au point de vue dynamique. « On désigne sous ce nom, dit M. Ch. Robin, de très-petits corps formés de matière organisée, libres ou contigus, présentant un ensemble de caractères géométriques, physiques et chimiques spéciaux, ainsi qu'une structure et des propriétés sans analogie avec celles des corps bruts. Ce sont les plus petites parties du corps auxquelles on puisse ramener les tissus. » Il existe aussi des éléments anatomiques en suspension dans certaines humeurs. Tels sont les globules rouges ou hématies, qui nagent librement dans le fluide sanguin, et les leucocytes ou globules blancs que l'on trouve aussi dans le sang, mais surtout dans le chyle et dans la lymphe. Tous ces corps sont invisibles à l'œil nu ; on ne peut les distinguer qu'à l'aide du microscope.

Le mot élément anatomique a été introduit pour la première fois dans la science par Glisson (1650), et adopté plus tard par Boerhaave et par Haller (1750). Mais ces auteurs n'ont donné qu'une description inexacte et purement théorique de ces particules organiques. Imbus des idées de Descartes, sur la constitution des animaux, ils ne voient dans les fonctions et dans les organes que des actes mécaniques et des formes géométriques. Pour eux, la fibre est le dernier élément du corps humain. C'est en se juxtaposant et en s'ajoutant bout à bout que les fibres donnent naissance aux tissus, de même qu'en géométrie les surfaces naissent du développement du point et de la ligne. Leeuwenhoeck avait pourtant décrit un certain nombre d'éléments qu'il avait examinés au microscope ; mais il s'était aussi complétement mépris sur le rôle de ces corps. Les spermatozoïdes eux-mêmes avaient été considérés par lui non comme des éléments, mais comme de véritables animalcules auxquels il avait donné le nom de *vers spermatiques*.

Bichat reconnut le premier qu'il y a des parties du corps qui présentent toujours les mêmes caractères normaux et morbides, quels que soient le siége et la forme des organes où ils se trouvent. Mais il eut le tort de confondre les tissus avec les éléments anatomiques. « Tous les animaux, dit-il, sont un assemblage de divers organes qui, exécutant chacun une fonction, concourent chacun à sa manière à la conservation du tout. Ce sont autant de machines particulières dans la machine générale qui constitue l'individu. Or, ces machines particulières sont elles-mêmes formées par plusieurs tissus de nature très-différente, et qui forment véritablement les éléments de ces organes... Ces tissus sont : 1° le cellulaire ; 2° le nerveux de la vie animale ; 3° le nerveux de la vie organique ; 4° l'artériel ; 5° le veineux ; 6° celui des exhalants ; 7° celui des absorbants et de leurs glandes ; 8° l'osseux ; 9° le médullaire ; 10° le cartilagineux ; 11° le fibreux ; 12° le fibro-cartilagineux ; 13° le musculaire de la vie animale ; 14° le musculaire de la vie organique ; 15° le muqueux ; 16° le séreux ; 17° le synovial ; 18° le glanduleux ; 19° le dermoïde ; 20° l'épidermoïde ; 21° le pileux. Voilà les véritables éléments organisés de nos parties. Quelles que soient celles où ils se rencontrent, leur nature est constamment la même, comme en chimie, les corps simples ne varient point, quels que soient les composés qu'ils concourent à former (1). »

Ce tableau, déjà très-complet pour l'époque, renferme, en effet, à peu près tous les tissus de l'animal adulte. Les tissus transitoires de l'embryon n'y sont point mentionnés. Mais ces tissus, que Bichat considère comme des éléments irréductibles comparables aux corps simples décrits en chimie, sont en réalité des corps composés. La faute commise par Bichat a été répétée par M. de Blainville (1822 à 1832) (2). Cependant, dès 1801,

(1) Bichat, *Anatomie générale, considérations générales*, p. 79. Paris, Brosson, 1812, in-8°, t. I.

(2) De Blainville décrit trois tissus ou éléments fondamentaux : le *tissu cellulaire* ou absorbant, la *fibre musculaire* ou contractile, la *pulpe* et la *fibre nerveuse* ou excitante. Il considère le tissu cellulaire comme l'élément générateur des deux autres. Cette opinion est encore admise de nos jours par la plupart des anatomistes allemands et notamment par M. Virchow ; mais M. Ch. Robin a démontré que cette hypothèse est complétement en désaccord avec les phénomènes du développement observés aux différentes périodes de la vie fœtale. Le tissu cellulaire forme, suivant de Blainville, neuf *systèmes*, qui sont : 1° le *système dermique* (derme, épiderme et poils), 2° le *système muqueux*, 3° le *fibreux*, 4° le *fibro-cartilagineux* et le *cartilagineux*, 5° l'osseux, 6° le *séreux*, 7° le *synovial*, 8° le *système centrifuge* ou sortant, ou artériel, 9° le *système centripète* ou rentrant, ou *lymphatique et veineux*. La fibre contractile forme trois systèmes : 1° le *système musculaire sous-dermique*, 2° le *système musculaire sous-muqueux*, 3° le *système musculaire profond*. Comme on le voit, cette division n'est point basée uniquement sur la structure. Elle est aussi topographique. Enfin l'élément ou tissu nerveux se divise en *système nerveux ganglionnaire et système nerveux proprement dit* ; lesquels se subdivisent en *système*

M. de Mirbel avait donné une notion exacte de l'élément anatomique, en décrivant les cellules végétales comme des individus
ayant une forme et des caractères déterminés. « Ces cellules, dit-
il, sont autant d'individus vivants, jouissant chacun de la propriété de croître, de se multiplier, de se modifier dans certaines
limites, et qui sont les matériaux constituant des plantes. La
plante est donc un être collectif (1). » Vinrent ensuite les travaux
de Gruithuisen (1811), Treviranus (1815), Turpin (1818), Hen-
singer (1819), qui firent pour les animaux ce que de Mirbel
avait fait pour les plantes. En 1828, Turpin formulait ainsi son
opinion : « 1° Les êtres organisés les plus compliqués sont des
sortes de composés par surajoutement d'êtres organisés plus
simples qu'eux ; 2° chaque vésicule, chaque fibre et la cuticule
générale dont se compose la masse tissulaire d'un végétal,
sont des individualités qui ont leur centre vital particulier de
végétation et de propagation. Mais toutes ces individualités simplement contiguës les unes aux autres ou collées par leur surface, deviennent solidaires et constituent par leur assemblage
l'individualité composée d'un arbre (2). » Il en est absolument
de même pour les animaux. « Ce que Mirbel disait de la plante
peut donc s'entendre de l'homme. C'est un *être collectif*, une fédération d'éléments anatomiques. Son individualité n'est qu'une
synthèse de la leur (3). »

Parmi ces éléments, quelques-uns sont amorphes et ne jouent
qu'un rôle secondaire dans l'organisme. On les désigne souvent
sous les noms de *substances unissantes, substances intercellulaires.*
Ces matières sont placées, en effet, dans l'interstice des éléments figurés ; mais elles ne sont pas absolument comparables
à la substance inter-utriculaire des végétaux. On les rencontre
dans un grand nombre de tissus normaux et surtout dans les

*ganglionnaire pulpeux, système ganglionnaire non pulpeux et système nerveux
de la vie animale, système nerveux de la vie organique.*

Les systèmes forment à leur tour les *organes*, ceux-ci les *appareils ;* et c'est
grâce aux appareils que se manifestent les *fonctions.* La *vie* elle-même n'est que le
résultat plus ou moins immédiat de toutes les fonctions.

(1) De Mirbel, *Nouvelles notes sur le cambium* (*Comptes rendus de l'Académie
des sciences,* 29 avril 1839).

(2) Turpin, *Mémoires du Muséum d'histoire naturelle,* 1828, t. XVI, p. 157.

(3) Clémenceau, *De la génération des éléments anatomiques,* thèse de Paris,
1865, p. 9.

tissus morbides. Elles sont hyalines, translucides à l'état normal, et deviennent granuleuses après la mort. C'est là un des
premiers signes de l'altération cadavérique.

M. Robin distingue plusieurs espèces de ces substances. Ce
sont : 1° La substance amorphe de la moelle des os ; 2° celle du
tissu gris cérébro-spinal , beaucoup plus abondante et plus
transparente dans le cerveau que dans le cervelet ; 3° celle du
chorion du derme et des muqueuses, qui prend une part notable
à la constitution des papilles et des villosités. Elle diminue à
mesure qu'on se rapproche des couches les plus inférieures du
derme et des muqueuses. On la trouve aussi dans les végétations morbides ; 4° celle du tissu fibreux normal et morbide, qui
diffère à peine de la précédente, sauf par sa consistance, qui est
très-grande. De là la résistance et la dureté des tissus et des
tumeurs dont elle fait partie ; 5° celle du tissu lamineux, que
l'on trouve aussi dans le cordon ombilical (gélatine de Warthon)
et dans l'allantoïde. Elle abonde dans le tissu lamineux des
mollusques et dans les tumeurs dites *colloïdes*. On en trouve
également dans le tissu graisseux de l'orbite pendant les premières années de la vie. Cette substance conserve son état hyalin même sur le cadavre ; 6° celle des séreuses et des synoviales.
On la distingue très-bien dans l'épiploon débarrassé de graisse.
Les végétations et les kystes synoviaux, les grains riziformes
contenus dans la gaîne des tendons et dans l'intérieur des articulations, sont dus à une hypergenèse de cette substance ;
7° enfin la *substance amyloïde (corpuscules amylacés* de Valentin).
Ces corpuscules ont été découverts par Valentin dans le corps
strié, dans la moelle allongée et dans quelques autres parties
du système nerveux. Ils ont à peu près la forme et le volume
d'un grain de fécule. Mais ils ne renferment point de cellulose,
comme l'ont cru à tort Virchow et M. Rouget. Schmidt, qui les a
analysés avec soin, n'y a trouvé que des matières azotées. Ces
corps sont très-sujets à l'hypergenèse. On en trouve souvent
un très-grand nombre dans le cerveau atrophié des vieillards
atteints de démence sénile.

Les *éléments figurés* peuvent être rapportés à quatre types
principaux (Ch. Robin) : 1° *cellules,* 2° *fibres,* 3° *tubes,* 4° *masses
homogènes creusées ou non de cavité.*

I. **Cellules**. — Les cellules sont surtout caractérisées par leur forme globuleuse. Ces éléments, observés d'abord chez les végétaux, ont été appelés *vésicules végétales* par Graaf (1862), *utricules* par Malpighi (1686), et enfin *cellules* par de Mirbel et Schleiden. Elles sont constituées dans les plantes par une vésicule creuse doublée intérieurement par une pellicule très-mince, exactement appliquée sur la première. La paroi extérieure est formée de cellulose et de sels divers, tandis que la paroi interne, connue sous le nom d'*utricule azotée*, est exclusivement constituée par de la substance albuminoïde. On trouve, dans la cavité de cette utricule, un liquide hyalin, et dans certains cas, de l'amidon et de la chlorophylle. Dans l'épaisseur de la paroi utriculaire, on aperçoit un corpuscule qui fait saillie à la face interne. Il a été signalé par Turpin en 1820 et étudié par Robert Brown, qui lui a donné le nom de *nucléus* ou *noyau*. Ce nucléus est sphérique ou ovoïde, et souvent il renferme vers son centre deux ou plusieurs corpuscules brillants appelés *nucléoles*. Schleiden pensait que le noyau apparaît toujours le premier dans le blastème formateur et qu'il sert de centre de formation à la cellule. Aussi le désignait-il toujours sous le nom de *cystoblaste*.

La cellule animale n'a qu'une seule paroi, qui correspond à l'utricule azotée de la cellule végétale. Cette paroi est formée de matière albuminoïde et ne contient point de cellulose. Il y a même certaines cellules qui n'ont pas de paroi distincte. Ce sont de véritables globules dépourvus de cavité centrale. Cet élément est beaucoup moins abondant chez les animaux que chez les végétaux.

A ce type appartiennent : 1° Les *cellules embryonnaires*, appelées aussi *cellules blastodermiques*. Ces cellules naissent directement de la tache embryonnaire et sont distinctes de celles qui existent dans le reste de la paroi du blastoderme. Elles ont de 8 à 111000ᵉ de millimètre de diamètre. Quelque temps après leur apparition, elles se liquéfient et donnent ainsi naissance à un blastème où se formeront successivement tous les éléments de l'embryon.

2° Les *cellules de la notocorde* ou corde dorsale. Ces cellules sont enveloppées d'une gaîne homogène qui est le centre de formation des vertèbres et des disques intervertébraux. Il en existe encore chez l'adulte, dans la pulpe rosée et gélatineuse qui forme le centre des disques intervertébraux. Elles s'atrophient peu à peu chez le vieillard.

3° Les *hématies* ou globules rouges du sang. — Les hématies présentent la composition ordinaire des cellules organiques. Ils sont formés d'une enveloppe transparente contenant un liquide particulier et un noyau chez certaines espèces. Ceux de l'homme en sont dépourvus ou, du moins, il est très-peu apparent. Ces corpuscules sont essentiellement composés de globuline et d'hématosine. Cette dernière substance renferme elle-même un peu de fer. De là l'indication de ce métal dans l'anémie, la chlorose et en général dans tous les cas où il y a hypoglobulie. Comme tous les éléments anatomiques, les globules prennent et rejettent sans cesse des matériaux dans le sang par voie d'endosmose et d'exosmose; mais ils ne se laissent pas imbiber par ce liquide. Leur forme varie suivant les espèces animales. Ronds et aplatis en forme de disque chez l'homme et la plupart des mammifères, ils sont elliptiques chez le lama, chez le chameau, chez les oiseaux, les reptiles et les poissons. Ils manquent complétement chez les invertébrés, qui ne possèdent que des globules blancs. Le noyau est toujours très-apparent dans les globules elliptiques. Leur diamètre est, chez l'homme, de 0,006 à 0,007 de millimètre. Chez les batraciens, ils offrent des proportions beaucoup plus considérables. Le grand diamètre des globules chez la grenouille mesure déjà 1/43° de millimètre, et il atteint jusqu'à 1/16° de millimètre chez le protée. Leur volume est aussi plus grand chez l'embryon que chez l'adulte.

Les globules sont l'élément essentiel du sang. Leur importance semble même plus grande que celle de l'albumine; car le plasma tout seul est impropre à la transfusion, tandis que le sang défibriné et encore pourvu de ses globules, peut être injecté avec succès dans les veines de l'homme et des animaux exsangues. Ce moyen héroïque a été employé plusieurs fois chez la femme pour conjurer les effets presque foudroyants des grandes hémorrhagies puerpérales. Nous l'avons vu nous-même réussir chez un chien placé dans des conditions aussi mauvaises que possible. L'animal, complétement inerte, ne respirait pas et ne répondait même plus aux excitations réflexes. Une injection de sang défibriné, poussée avec soin par M. Vulpian dans la veine crurale, ne l'en a pas moins rappelé à la vie (1).

Les globules ont surtout pour fonction de fixer l'oxygène absorbé dans le poumon, et de le distribuer aux autres éléments de l'organisme. Ils ont une grande affinité pour ce gaz, mais la

(1) De nouvelles expériences sur la transfusion ont été pratiquées récemment par MM. Eulenburg et Landois. Leurs recherches ont été faites à un triple point de vue : 1° pour constater les effets de la transfusion à la suite de l'anémie aiguë produite par les hémorrhagies graves ; 2° pour remplacer par du sang normal le sang altéré par divers poisons et diminuer ainsi les chances de mort ; 3° pour rappeler à la vie les animaux inanitiés par une abstinence prolongée. Ces expériences ont été faites sur des lapins avec du sang soigneusement défibriné et artérialisé par le battage et chauffé à 30°. Voici les résultats qu'ils ont obtenus :

1° « La transfusion du sang rutilant et défibriné ne peut être remplacée par la transfusion d'une égale quantité de sérum ou de simple solution albumineuse, ou même de sang défibriné et agité avec de l'acide carbonique.

2° La transfusion de sang chargé d'acide carbonique fait périr les animaux dans des convulsions générales, tandis que, avec le sérum ou la solution d'albumine, la mort arrive sans convulsions.

3° Cependant, quand cette transfusion, chez les animaux rendus anémiques, est immédiatement précédée par la section des nerfs vagues, l'opération peut avoir pour résultat une revivification passagère.

Dans les anémies aiguës, hémorrhagiques, les animaux meurent par asphyxie, parce que le manque d'oxygène, dû à la diminution brusque des globules rouges, amène la surexcitation et la paralysie consécutive du centre respiratoire et de la moelle allongée. La restitution de l'oxygène, lié aux globules rouges, peut faire cesser cette surexcitation et rétablir la respiration (respiration directe, due à la moelle allongée). L'augmentation de l'acide carbonique, dans le sang qui reste, est probablement la cause des convulsions que l'on observe dans l'anémie aiguë ; c'est ce que semblent indiquer les faits exprimés dans la proposition 2.

La seconde série se rapporte aux effets de la transfusion dans les empoisonnements aigus du sang, à savoir : (a) par des empoisonnements gazeux, abolissant les fonctions respiratoires du sang en expulsant l'oxygène des globules ; — (b) par des substances toxiques qui, pénétrant dans le sang, exercent une influence délétère sur les centres nerveux vitaux.

Dans ces expériences, faites sur des chiens et des lapins, la transfusion, opérée simultanément avec l'évacuation du sang intoxiqué, agit par déplacement, par lavage (par substitution, Panum), puisque, en même temps que sort une ondée de sang empoisonné, il entre une ondée de sang anormal défibriné venant d'un autre animal de même espèce.

1) Les expériences faites avec l'oxyde de carbone démontrent que la substitution du sang est de beaucoup le procédé le plus puissant et le plus énergique, même dans les cas d'empoisonnement intense, où la saignée déplétive seule ou associée à la respiration artificielle la plus active (faradisation des nerfs phréniques, — injection d'air dans la trachée (ouverte) se montre impuissante.

combinaison qu'ils forment avec lui est très-instable et dure à peine quelques instants. Ils servent ainsi de véhicule à l'oxygène, qu'ils abandonnent constamment aux autres éléments histologiques. Cet oxygène est surtout employé à entretenir la chaleur animale. Nous avons déjà indiqué son rôle dans la combustion des produits hydro-carbonés et dans la désas-

2) Les expériences dans lesquelles l'injection d'une solution opiacée dans les veines avait amené une intoxication aiguë plus ou moins profonde, montrent la possibilité, au moyen de la transfusion par substitution, commencée à temps, de diminuer considérablement la durée de l'empoisonnement et l'intensité des symptômes, quand la dose n'est pas mortelle, et de conserver la vie et l'intégrité de toutes les fonctions, quand la dose aurait été mortelle sans la transfusion.

Les expériences sur les animaux inanitiés, non encore terminées, tendent à prouver que, dans l'inanition complète, la vie peut être prolongée pendant un temps relativement long, si, pour suppléer à la nourriture et à la perte de substance due au jeûne, on injecte, à certains intervalles, certaines quantités de sang défibriné et artérialisé par le battage, provenant d'un animal de même espèce. « Jusqu'à présent, disent les auteurs, nous avons réussi à faire vivre pendant 24 jours un chien privé de toute nourriture, en pratiquant sur lui la transfusion à intervalles réguliers de quarante-huit heures à partir du sixième jour. Pendant tout ce temps, il a perdu 39 pour 100 de son poids. » (Centralblatt, p. 46. — Cité par E. Teinturier dans le *Mouvement médical*, 4ᵉ année, 1866, n° 8.)

La transfusion employée comme moyen d'élimination des poisons n'avait pas encore été pratiquée sur l'homme au moment où cette note a été écrite. Elle l'a été depuis, et avec le plus grand succès, s'il faut en croire la relation suivante éditée par le journal *le Temps*, dans son numéro du 26 mars 1866. Voici comment s'exprime l'auteur de l'article :

« Une remarquable opération a été faite le lundi 12 mars à Berlin.

» Dans la matinée de ce jour, on a trouvé, dans la rue Neuve-Frédéric, un jeune homme étendu sans connaissance sur le sol de sa chambre. Le docteur Badt, appelé aussitôt, constata un empoisonnement par le gaz acide carbonique et fit toutes les tentatives possibles pour rappeler l'asphyxié à la vie, mais tous ses efforts, ainsi que ceux du maître de la maison, M. Sachs, survenu plus tard, n'eurent d'autre résultat que de faire respirer légèrement le malade et de rendre son pouls sensible ; le jeune homme ne reprit pas connaissance, et les médecins reconnurent, vers deux heures de l'après-midi, les symptômes d'une paralysie du cerveau et du cœur.

» Le docteur Badt proposa alors, comme dernier moyen, une transfusion du sang, et le docteur Martin, consulté à ce sujet, s'offrit à opérer cette transfusion, avec l'assistance des docteurs Sachs et Badt et de son fils. On pratiqua, en conséquence, une saignée au frère du malade et à un commissionnaire, et le sang ainsi obtenu fut infusé dans le corps du moribond.

» Cette opération eut un plein succès. Au bout de quelque temps, le malade ouvrit les yeux, son visage se colora de rouge, et il put avaler une gorgée d'eau. Cependant il resta plongé, jusqu'à onze heures du soir, dans un état soporifique, mais il recouvra alors l'usage de ses sens, et il se trouve aujourd'hui en pleine voie de convalescence. »

similation des matières albuminoïdes. Ce serait faire double
emploi que d'y revenir ici. Les propriétés physiologiques
des globules seraient surtout dues, suivant M. Cl. Bernard, à
la présence de l'hématosine, qui s'empare de l'oxygène et l'assimile.

Les globules se détruisent-ils, peuvent-ils se reformer une
fois disparus? Évidemment, puisqu'une grande partie disparaît
dans les hémorrhagies et qu'ils reparaissent plus tard dans leur
proportion normale. On les voit de même se reformer chez les
chlorotiques et chez les anémiques sous l'influence du fer et
d'une nourriture fortement azotée. Cette réparation est toutefois
très-longue à se faire, et l'on voit des gens rester anémiques
toute leur vie à la suite d'une grande hémorrhagie. Chez les
animaux en état d'abstinence, les globules sont profondément
modifiés et déjà en voie de destruction. Ils apparaissent déformés
et comme chiffonnés quand on les examine au microscope. L'a-
nimal se nourrissant de son propre sang, le plasma devient plus
aqueux et dissout les globules qui se réduisent alors à leur noyau.

MM. Béclard et Gray pensent que les globules se détruisent dans la rate. Il résulte, en effet, de leurs expériences,
que le sang de l'artère splénique contient 180 pour 1000 en
globules, tandis que celui de la veine n'en contient plus que
143 et même, dans certains cas, 60 pour 1000. Mais ces expériences ont été vivement contredites par M. Funke, qui déclare
qu'il n'y a absolument aucune différence entre le sang de la
veine et celui de l'artère. Les globules n'en sont pas moins
détruits par le travail nutritif. Il s'en détruit aussi dans le foie,
dans le thymus, dans le corps thyréoïde et en général dans
toutes les glandes vasculaires sanguines. La disparition des globules dans le foie a été attribuée à la formation de la matière
colorante de la bile (biliverdine), qui a à peu près la même composition que l'hématosine.

Comment se forment les globules? La question n'est pas encore parfaitement résolue. Chez l'embryon, ils se forment ma-
nifestement dans le feuillet vasculaire du blastoderme, quelque
temps avant l'apparition des vaisseaux. Chez l'adulte, on a souvent attribué leur formation au foie; et Kölliker, qui avait d'a-
bord prétendu que la rate les détruisait, prétend aujourd'hu

qu'elle les forme. Aucune de ces opinions n'a pu soutenir le contrôle de l'expérience. De guerre lasse, on a fini par admettre qu'ils se forment aux dépens des globules blancs de la lymphe. Mais, en réalité, on est encore fort indécis sur le lieu et le moment de leur formation.

4° Les *leucocytes* ou globules blancs. — Ils se présentent tantôt à l'état de cellule, tantôt à l'état de noyau libre. On en trouve dans le sang, dans la lymphe, dans le chyle, dans le pus, dans les divers mucus, dans le colostrum et dans l'humeur vitrée ou hyaloïde. Ce sont des corps sphériques renfermant un liquide légèrement granuleux. Leur diamètre est de 8 à 14 millièmes de millimètre. Ils sont grisâtres, transparents à la lumière transmise. La variété à noyau libre est souvent désignée sous le nom de *globulin*. Les globules sont sphériques, souvent granuleux et sans nucléole. Leur diamètre est de 3 à 5 millièmes de millimètre. Ces corpuscules sont doués de mouvements sarcodiques analogues à ceux des amibes, auxquels ils ont été comparés par Liberkün et par M. Cl. Bernard. On croit généralement qu'ils se forment dans les lymphatiques aux dépens de l'épithélium de ces vaisseaux. C'est, en effet, ce qui a lieu pour les globules du pus. On a remarqué d'ailleurs que le nombre des globules blancs est toujours augmenté par l'inflammation des lymphatiques. Quant aux globulins, on les considère comme les noyaux des globules blancs; ce sont des globules blancs en voie de formation. On sait que leur nombre augmente beaucoup dans les anémies profondes et dans tous les états cachectiques. Quant à nous, nous croirions volontiers que cette augmentation n'est qu'apparente. Il est plus probable que ce sont les hématies qui diminuent dans ce cas, et cela parce que, la nutrition étant profondément troublée, les globules blancs ne peuvent plus se transformer en globules rouges.

5° Les *médullocelles* ou éléments cellulaires de la moelle des os. — M. Robin a décrit sous ce nom une espèce particulière d'élément anatomique qui se trouve dans la moelle des os à tous les âges, d'autant plus abondant qu'il y a plus de vésicules adipeuses et de matière amorphe. Cet élément comprend deux variétés : 1° des noyaux libres, sphériques, à bords plus ou moins réguliers, larges de 5 à 8 millimètres de diamètre, fine-

ment granuleux et dépourvus de nucléole; 2° des *cellules mé*
dullaires proprement dites, sphériques ou un peu polyédriques,
avec ou sans noyaux. L'hypergenèse de ces éléments donne
naissance aux tumeurs dites à *médullocelles*, qui se développent
quelquefois sur le trajet des os longs, refoulent le tissu com-
pacte et viennent faire saillie dans les tissus. C'est aussi à
M. Robin que l'on doit la première description histologique de
ces tumeurs.

6° Les *myélocites* ou cellules apolaires de la substance grise
cérébro-spinale. — Ces éléments, dont les propriétés sont encore
mal déterminées, n'auraient, suivant M. Robin, aucune analogie
fonctionnelle avec les cellules multipolaires. Ils abondent surtout dans le cervelet, où ils se trouvent directement en contact
avec la substance blanche, et dans la deuxième couche ou
couche de noyaux de la rétine. Le cancer de la rétine est dû
en grande partie à l'hypergenèse de ces éléments. Ils se présentent sous forme de noyaux ovoïdes ou sphériques, à con-
tours foncés, sans nucléoles. D'autres sont constitués par de
véritables cellules sphériques ou légèrement polyédriques, à
noyaux semblables aux noyaux libres. Leur diamètre est de
0,005 à 0,006 de millimètre.

7° Les *myéloplaxes* (*cellules fibro-plastiques* de Lebert). — On les
rencontre comme élément accessoire dans la moelle des os,
sous le périoste, dans les cancers vasculaires des os et des
cartilages, dans la cavité des cartilages, dans les tumeurs fibreuses de la cornée et de la sclérotique. Ces éléments, découverts par M. Robin, ont une forme et un volume très-variables.
La plupart sont aplatis, en forme de disque ou polyédriques, à
bords irréguliers. Leur diamètre varie entre 0,020 et 0,100 de
millimètre. Leur intérieur est parsemé de noyaux ovoïdes,
ayant depuis 0,009 jusqu'à 0,011 de millimètre de diamètre.
Parmi les tumeurs désignées sous le nom générique d'*épulis*, à
cause de leur siége, il en est qui sont formées en majeure
partie de myéloplaxes et de médullocelles. Mais, dans ce cas,
ces tumeurs n'intéressent pas seulement la gencive. Elles ont
toujours pour point de départ le tissu osseux du maxil-
laire ou le périoste. « Ce sont ces tumeurs, dit M. Robin, que
Paget a nommées *myéloïdes*. Elles correspondent aux *ostéo-*

sarcomes ou *tumeurs sarcomateuses* des os des anciens auteurs. »

8° Les *cellules de l'ovisac.* — Elles constituent la paroi interne de la vésicule de Graaf. Ces cellules sont de véritables cellules épithéliales qui entourent l'ovule et s'échappent avec lui au moment de la ponte ovarienne. On en trouve aussi dans les corps jaunes et dans la muqueuse utérine de la femme et du singe.

9° Les *éléments embryoplastiques* (noyaux libres et cellules). — Ils prédominent dans le corps de l'embryon, où ils naissent après la liquéfaction des cellules embryonnaires. Ils persistent comme élément accessoire dans la plupart des tissus chez l'adulte. On en trouve partout, sauf dans les cartilages, les os, le tissu nerveux central, les ongles, l'épiderme et les dents. Ils abondent surtout dans le tissu élastique. Les noyaux y sont toujours plus nombreux que les cellules. Leur forme est ovoïde et leur diamètre est de 9 à 10/1000 de millimètre. Ils sont très-sujets à l'hypertrophie et à l'hypergenèse. C'est à ce titre qu'ils font souvent partie des tumeurs.

10° Les *cytoblastions.* — Ce sont des noyaux libres, habituellement sphériques et rarement ovoïdes, qui ont de 5 à 6 millièmes de millimètre de diamètre. D'autres fois ils se présentent sous forme de granulations de teinte obscure à l'intérieur, mais sans nucléole proprement dit. Ils peuvent affecter aussi la forme cellulaire. On les trouve en petite quantité dans l'épaisseur du derme de la peau et des muqueuses, dans les membranes séreuses et dans le parenchyme pulmonaire. A l'état morbide, on les rencontre constamment dans les fongosités des plaques muqueuses syphilitiques, des condilomes, des chancres mous ou indurés, dans les tumeurs gommeuses syphilitiques, dans beaucoup de tumeurs fibro-plastiques et épithéliales, dans les granulations tuberculeuses du poumon, dans les fongosités des tumeurs blanches, dans la substance molle et pulpeuse des chalazions. Normalement, ce sont toujours des éléments accessoires des tissus où on les trouve.

11° Les *épithéliums.* — C'est un des éléments les plus répandus dans l'économie. On le trouve disposé en couches minces à la surface de la peau, des muqueuses, des séreuses, des tubes, des parenchymes glandulaires et non glandulaires et des vésicules closes glandulaires. Il y en a quatre variétés principales : 1° l'*épithélium nucléaire*; 2° l'*épithélium sphérique*; 3 l'*épithélium prismatique*; 4° l'*épithélium pavimenteux*. Chacune de ces variétés occupe des régions déterminées. Mais elles peuvent souvent se substituer l'une à l'autre et même se former hétérotopiquement dans des tissus qui n'en contiennent point à l'état normal. C'est cet élément qui forme la base des tumeurs dites *épithéliales, cancer épithélial, cancroïde, épithélioma.* Il est en voie incessante de rénovation et se reproduit avec une rapidité extrême dans les tissus où il existe normalement. Les tumeurs qui en sont formées sont néanmoins assez peu sujettes à récidive lorsqu'elles sont situées dans un tissu où l'épithélium manque normalement. Le cancroïde des lèvres, qui est un des plus fréquents, peut aussi ne pas récidiver, pourvu que l'extirpation de la tumeur ait lieu avant l'invasion des ganglions sous-maxillaires par la production épithéliale. Dans le premier cas, il y a simplement hypergenèse, et le développement du produit morbide est arrêté par l'opération. Dans le second cas, au contraire, il y a à la fois hypergenèse et migration de l'épithélium dans les lymphatiques : d'où genèse et généralisation du mal.

L'*épithélium nucléaire* est constitué par des noyaux libres sphériques ou ovoïdes. Il prédomine dans la plupart des follicules, dans les vésicules et les culs-de-sac glandulaires. Quand il est en voie d'hypergenèse ou d'hypertrophie, il devient d'abord nucléolé, puis il se dépose de la matière amorphe dans les espaces intercellulaires. De là la déformation des noyaux et leur changement de type. C'est ainsi que l'épithélium nucléaire devient sphérique, prismatique ou pavimenteux à un ou plusieurs noyaux. Cet épithélium existe comme élément accessoire partout où les épithéliums muqueux ou glandulaires forment l'élément fondamental.

Les *cellules épithéliales sphériques* n'existent jamais que comme élément accessoire chez l'homme et chez les autres mammifères. On les trouve dans le corps thyréoïde, dans les glandes lymphatiques, dans les follicules de Graaf, dans l'urèthre, dans les kystes, etc. Il en existe très-rarement dans les tumeurs. En revanche, elles dominent chez les oiseaux et les reptiles et dans tout l'embranchement des invertébrés.

Les *cellules prismatiques* se présentent aussi sous la forme cylindrique, conique et fusiforme. Elles sont souvent pourvues de cils vibratiles, dont les mouvements sont très-prononcés. Tel est l'épithélium des fosses nasales et des voies aériennes (bronches), celui de l'intestin, des canaux biliaires et des canaux éjaculateurs. On en trouve aussi dans les glandes et la muqueuse du col utérin, dans les follicules du rectum et dans l'organe de l'émail. L'épithélium prismatique existe comme élément accessoire dans la muqueuse vésicale. Son hypergenèse est rare. Elle a lieu cependant quelquefois dans les fosses nasales et dans le rectum.

Les *cellules pavimenteuses, polyédriques ou lamelleuses* constituent presque à elles seules la substance fondamentale des ongles et des poils, l'épiderme de la peau, des muqueuses, des séreuses, des cellules du foie et des glandes en général. Elles tapissent les vésicules du poumon, les bassinets et les tubes urinifères, les canalicules spermatiques. Ces cellules sont dépourvues de noyaux, mais elles contiennent souvent des granules pigmentaires. Le pigment abonde surtout dans la choroïde, qui forme, grâce à lui, un écran complétement noir en arrière de la rétine. C'est grâce à cette disposition que les images se forment nettement au fond de l'œil. Chez les individus affectés d'albinisme, ce pigment disparaît. Les vaisseaux de la choroïde sont ainsi mis à nu; et le fond de l'œil, vu par réfraction à travers le cristallin et l'humeur vitrée, donne à la pupille une teinte rougeâtre qu'elle n'a jamais à l'état normal. La surface de la rétine, trop éclairée, réfléchit ou laisse passer les rayons lumineux. La réfraction régulière est ainsi troublée par des réflexions simultanées, et les images perdent toute leur netteté. De là le clignement et l'héliophobie chez les albinos.

Les cellules à pigment sont aussi en très grand nombre dans la peau des nègres et des peaux rouges, dans les follicules pileux des gens à cheveux bruns ou roux. On en trouve également dans le cancer mélanique, dans les croûtes cutanées et dans l'épiderme des sujets atteints par la maladie d'Addison.

Souvent l'épithélium pavimenteux cesse de se produire à la surface des membranes. Il naît et se multiplie alors dans leur épaisseur en produisant l'atrophie progressive des éléments auxquels il est interposé. C'est là le phénomène connu sous le nom d'*infiltration épithéliale*. La plupart des cancroïdes prennent naissance de cette façon. Dans les tumeurs, cet épithélium se déforme; il devient nucléolé, s'allonge en fuseau ou en raquette et peut prendre successivement toutes les formes possibles.

12° *Les cellules médullaires des poils.* — On les trouve dans la moelle qui occupe le canal creusé au centre des cheveux et des poils. Elles manquent souvent de noyaux et sont remplies de granulations graisseuses ou pigmentaires.

13° *Cellules du cristallin.* — Ce sont ces cellules qui forment la couche gélatineuse située en arrière de la capsule, à la face antérieure du cristallin. Après la mort, elles se liquéfient et forment le liquide connu sous le nom d'*humeur de Morgagni*. C'est à la destruction de ces cellules et à leur passage à l'état de liquide granuleux qu'est due la cataracte liquide ou *cataracte morganienne*.

14° *Cellules de la dentine.* — Ces éléments sont situés entre l'ivoire et la pellicule du bulbe dentaire. Elles élaborent dans leurs cavités un produit spécial qui contribue à la formation de l'ivoire. L'ivoire ou dentine n'est donc pas un os ou un produit de sécrétion, comme on l'a cru pendant longtemps, mais une substance particulière sans analogue dans l'économie. Elle est formée directement ou par *autogenèse* aux dépens des principes immédiats élaborés par les cellules dont nous venons de parler.

15° *Ovule femelle.* — L'ovule apparaît dans l'ovaire, vers le deuxième mois de la vie intra-utérine, sous forme de cellule à gros noyau ovalaire et nucléolé. C'est cette cellule qui deviendra plus tard la *membrane vitelline*. Le *vitellus* lui-même n'est autre chose que le contenu de la cellule ovulaire devenu de plus en plus granuleux. Le noyau, en se creusant peu à peu, donne naissance à la *vésicule germinative*, tandis que le nucléole, agrandi en proportion, produit la *tache germinative*. Il n'y a donc aucune différence entre l'ovule et une cellule ordinaire.

16° *Ovule mâle.* — C'est l'utricule mère des spermatozoïdes. Elle naît spontanément dans les culs-de-sac des canalicules spermatiques, absolument comme l'ovule femelle dans le stroma de l'ovaire. Cette utricule correspond à la membrane vitelline. Elle est seulement un peu plus mince. Dans son intérieur se trouve le vitellus qui devient granuleux et se segmente spontanément, comme le vitellus femelle, après la fécondation. Les sphères de fractionnement deviennent les *cellules embryonnaires mâles*. Mais, au lieu de se liquéfier, comme les cellules embryonnaires femelles, elles s'individualisent de plus en plus et se transforment en spermatozoïdes.

17° *Les spermatozoïdes*. — Ils dérivent indirectement du noyau et du contenu liquide de la cellule mère. Ce noyau en augmentant de volume produit le vitellus mâle qui se segmente, comme nous l'avons vu précédemment, et donne naissance aux cellules embryonnaires. C'est aux dépens de ces cellules que se forment directement les spermatozoïdes. « Ainsi les spermatozoïdes ne sont pas des animaux, pas plus que les cellules épithéliales à cils vibratiles, ou que toute autre espèce d'élément anatomique contractile ou non, faisant partie des tissus ou des humeurs d'un organisme quelconque. Les graines de pollen se produisent d'une manière analogue aux spermatozoïdes. Toute la sphère de segmentation devient graine de pollen par une métamorphose qui consiste en la production d'une enveloppe extérieure de cellulose; ils sont les analogues des spermatozoïdes. Ces graines transmettent par endosmose à l'ovule femelle une partie de leur liquide par l'intermédiaire du boyau pollinique. Les spermatozoïdes sont aussi la seule partie fécondante du sperme et des organes mâles des algues (1). »

Après avoir traversé la membrane vitelline, ces corpuscules se liquéfient en se mélangeant intimement avec les éléments du jaune. C'est ce phénomène qui constitue, à proprement parler, la fécondation. Nous n'avons pas besoin d'ajouter que chez l'homme les spermatozoïdes se présentent sous la forme de corpuscules pourvus d'une tête conique et d'une queue effilée, ce qui leur donne une vague ressemblance avec les têtards. Cette queue n'est autre chose qu'un long cil vibratile. Les mouvements de

______

(1) Robin et Littré, *Dict. dit de Nysten*, art. SPERMATOZOÏDE.

ces corpuscules sont très-prononcés et assez forts pour déplacer des cristaux dix fois plus gros qu'eux. C'est sans doute à leur forme et à leur mobilité exceptionnelle que ces cellules doivent d'avoir été prises pour des animaux. Les spermatozoïdes de l'homme ont environ 0,05 de millimètre de longueur. Ils peuvent parcourir 0,18 de millimètre en trois secondes, soit 27 millimètre en sept minutes et demie.

II. Fibres. — Les éléments ayant forme de fibres ne présentent qu'un petit nombre d'espèces ; mais ils sont en masses très-considérables dans l'économie. Les uns sont toujours fondamentaux, comme les fibres musculaires striées. D'autres sont accessoires dans quelques tissus et fondamentaux ailleurs. C'est le cas des fibres élastiques. Toutes les fibres ont pour centre de formation un noyau qui disparaît ensuite sur quelques-unes. Il y en a quatre espèces principales et trois secondaires. Ce sont :

1° Les *fibres cellules* ou *fibres musculaires de la vie organique* (*fibres lisses* de Schwann, de Krause, de Gerber et de Heule). — Leur forme est celle d'un ruban étroit, allongé et très-mince. Toutes renferment un noyau vers leur centre. De là leur nom de fibres cellulaires ; mais elles n'ont point de cavité distincte. Leur longueur varie entre 0,06 et 0,5 de millimètre et leur largeur entre 0,005 et 0,010 de millimètre. Elles sont peu granuleuses, sauf dans l'utérus pendant la grossesse. Leur noyau est rarement pourvu de nucléole. On les trouve en abondance dans tous les muscles de la vie organique ou végétative. Ces mucles eux-mêmes ont un rôle très-important dans la plupart des appareils de l'économie. Ils forment la tunique moyenne de l'intestin. On en trouve aussi dans la tunique élastique des artères et dans la tunique celluleuse des veines. Toutes les artères en contiennent à partir de la crosse de l'aorte, et elles sont d'autant plus nombreuses qu'on se rapproche davantage des capillaires. Ceux-ci en sont d'ailleurs complétement dépourvus. On rencontre encore des fibres de la vie organique dans tous les conduits excréteurs, dans les vésicules séminales, autour des culs-de-sac glandulaires et des follicules, à la face profonde de la muqueuse vaginale et de la muqueuse de l'intestin, dans la conjonctive, dans la muqueuse utérine, dans celle de la trachée et des bronches et dans le parenchyme du poumon. Il y en a aussi dans le derme, surtout dans le dartos, dans l'enveloppe et dans le parenchyme de la rate. Dans le derme, on trouve de petits muscles lisses qui s'insèrent à la base du follicule pileux. Ce sont ces petits muscles qui en se contractant produisent le phénomène de l'horripilation et de la chair de poule. Il y a encore des fibres lisses autour des trompes utérines et dans le parenchyme de l'utérus. Toutes ces fibres sont douées de contractilité. C'est à elles qu'il faut rapporter le *motus tonico-vitalis* de Stahl et les *mouvements à progrès insensibles* que Barthez a mis sur le compte du principe vital. La *contractilité organique sensible* avait déjà été attribuée à cet ordre de fibres par Bichat.

2° *Fibres lamineuses* (tela laminosa). — C'est l'ancien *tissu cellulaire* de Bichat, le *tissu connectif* des Allemands. Cet élément a pour origine, comme les fibres cellules, un noyau central. Les fibres lamineuses ont une couleur blanchâtre ; elles sont aplaties, rubannées et présentent des *corps fusiformes* ou *noyaux embryoplastiques* dans leur trajet. Ces corps ne sont autre chose que la fibre lamineuse à l'état embryonnaire. Réunies en faisceaux, les fibres lamineuses constituent le *tissu lamineux* qui est universellement répandu dans l'économie. Il sert surtout à combler les intervalles des organes et à unir les divers éléments d'un organe les uns aux autres. Il abonde dans les tendons, les ligaments, les membranes fibreuses, les membranes séreuses, la tunique dite *nerveuse* des viscères creux, la pie-mère, la choroïde, etc. Il entre comme élément accessoire dans le tissu musculaire et constitue la paroi des vésicules graisseuses. C'est lui qui forme la première couche sous-cutanée et donne à la peau sa mobilité. Les fibres lamineuses se régénèrent très-facilement et subissent non moins facilement l'hypergenèse. On en trouve dans presque toutes les tumeurs. Elles sont très-denses et très-résistantes, et c'est moins par leur élasticité que par leur disposition en faisceaux striés et largement ondulés qu'elles permettent l'écartement de la peau et le glissement des organes les uns sur les autres.

3° *Fibres élastiques.* — Il y en a trois variétés. Les premières dites *fibres de noyaux* entrent dans la constitution du dartos. Elles sont enroulées en spirales autour des fibres lamineuses. — La deuxième variété (*fibres élastiques proprement dites*) constitue l'élément fondamental des ligaments et des artères. On en trouve aussi dans l'endocarde et dans le péricarde. — La troisième variété (*fibres élastiques lamelleuses ou fenêtrées*) forme la tunique fenêtrée des artères (Robin). Leur rôle physiologique consiste surtout à exagérer la propriété physique d'élasticité dans les organes où elles se trouvent. Ces fibres ne sont point sujettes à l'hypergenèse. Sous ce rapport, elles diffèrent complétement des fibres lamineuses.

4° *Fibrilles musculaires de la vie animale.* « Ce sont, dit M. Ch. Robin, de minces fibrilles, larges au plus de 0,004 de millimètre, flexibles, faciles à briser, ne se gonflant presque pas dans l'eau, dissoutes par l'acide acétique, composées principalement de musculine. Elles sont caractérisées par ce fait qu'elles offrent des parties d'égale largeur, alternativement incolores, transparentes et alternativement foncées, grisâtres ou rougeâtres. » Ces fibrilles sont réunies en *faisceaux musculaires primitifs* ou *striés* par une enveloppe tubuleuse connue sous le nom de *myolemme* ou *sarcolemme*. Cette enveloppe est formée de tissu élastique. Elle est homogène et parsemée de noyaux fibro-plastiques. Ces faisceaux de fibres réunis les uns aux autres par des fibres de tissu lamineux, constituent les muscles de la vie animale et les poches ventriculaires du cœur. On sait d'ailleurs que le tissu musculaire est très-complexe. Il y entre, comme nous venons de le dire, des éléments élastiques, des fibres lamineuses, des vaisseaux, des nerfs, des capillaires, etc. Les capillaires ne traversent jamais le myolemme, seul les corpuscules nerveux sont directement appliqués à la surface du faisceau musculaire primitif. Les fibrilles musculaires sont douées de contractilité, comme les fibres de la vie organique. Mais tandis que celles-ci se contractent lentement et progressivement, la contraction est toujours rapide chez les premières, à moins que la volonté n'intervienne pour la modérer.

Ce qu'on a appelé *transformation graisseuse des muscles* n'est autre chose qu'une hypergenèse du tissu adipeux interposé aux faisceaux musculaires primitifs. A mesure que la graisse envahit ces faisceaux se pressent les uns contre les autres et ils finissent par s'atrophier complétement. Mais ils ne se transforment jamais en graisse. Il en est de même de tous les éléments. On n'a jamais vu un élément anatomique perdre son autonomie pour se transformer en un élément d'une autre espèce. La prétendue *transformation fibreuse* des muscles n'est aussi qu'une forme de l'atrophie. Les fibrilles diminuant peu à peu de longueur et d'épaisseur, le muscle s'atrophie en produisant la rétraction des membres.

Fibres appartenant aux groupes des produits. — M. Robin range dans cette classe les *fibres ou tubes à noyau du cristallin*, les *fibres dentelées* du même organe et les *prismes* ou *fibres de l'émail* dentaire. Nous n'avons rien à dire de particulier sur ces éléments. Leur rôle est purement physique.

III. ÉLÉMENTS TUBULÉS. — Ce sont des tubes uniques ou ramifiés, avec ou sans anastomoses. Il y en a cinq espèces, dont quelques-unes présentent plusieurs variétés. Ce sont :

1° Le *sarcolemme* ou *myolemme*, qui enveloppe les faisceaux primitifs des muscles de la vie animale. Les fibres lisses et les fibrilles musculaires du cœur en sont dépourvues.

2° Le *périnèvre* est analogue au myolemme : il entoure les *faisceaux primitifs* des tubes dans les nerfs de la vie animale, et dans les filets blancs du grand sympathique (Robin). On le rencontre dès l'origine apparente des nerfs, et il accompagne le faisceau nerveux dans tout son trajet, s'interrompant seulement au niveau des ganglions pour reprendre au devant d'eux.

Entre le périnèvre et le faisceau nerveux se trouvent toujours quelques fibres de tissu lamineux, mais jamais de vaisseaux. Les capillaires ne traversent jamais le périnèvre; ils rampent seulement à sa surface. Cette enveloppe est quelquefois altérée chez l'adulte, et plus souvent chez le vieillard, par l'atrophie des noyaux, qui sont remplacés par des granulations graisseuses.

3° Les *tubes capillaires.* — Ce sont des tubes à paroi homogène, du diamètre des hématies de chaque animal. Ils s'abouchent directement avec les artérioles et les veinules, et leur diamètre augmente graduellement, en sens opposé, à mesure qu'ils s'éloignent de la périphérie pour se rapprocher du cœur. Ils ne forment pas un tissu, mais ils constituent un système universellement répandu dans l'organisme. Il y en a trois variétés : la première a juste la largeur du globule sanguin ; elle est de 0,007 à 0,030 de millimètre chez l'homme. Les capillaires de cet ordre n'ont qu'une seule tunique homogène et pourvue de noyaux ovoïdes. Cette tunique est, d'ailleurs, absolument close ; ce qui exclut la possibilité des hémorrhagies par exsudation. Elle est transparente, hyaline, et il est très-facile, avec un grossissement de 2 ou 300 diamètres, d'y voir circuler le plasma et les globules sanguins. Ce spectacle, l'un des plus beaux qu'il soit donné au physiologiste de contempler, est parfaitement visible sur la patte membraneuse et dans le poumon de la grenouille.

Les capillaires de la deuxième variété sont un peu plus gros que les précédents ; leur diamètre est de 0,030 à 0,070 de millimètre. Ils sont, en outre, pourvus d'une double paroi. L'interne n'est que la continuation de celle des capillaires de la première variété.

Enfin, il y a des capillaires larges de 0,060 à 0,140 de millimètre. Ils forment la transition naturelle entre les capillaires et les artérioles, d'une part, et les vénules, de l'autre. Comme elles, ils ont trois tuniques ; mais aucune de ces tuniques ne renferme de fibres musculaires. La plus externe, qui correspond à la tunique adventive des artères et des veines, contient seulement des fibres de tissu lamineux.

Les capillaires sont le siége de la nutrition et de la calorification ; ceux qui sont adjacents aux artérioles fournissent, aux éléments anatomiques, les matériaux de l'assimilation ; ceux qui s'abouchent dans les veines y apportent, au contraire, les produits de la désassimilation fournis par ces mêmes éléments.

Les capillaires sont sujets à l'*altération graisseuse* ou *athéromateuse*, qui est caractérisée par un dépôt de granulations graisseuses dans leurs parois. C'est à cette altération qu'est due, le plus souvent, la rupture de ces vaisseaux chez les vieillards apoplectiques. La *dilatation uniforme* ou *ampullaire* s'observe aussi sur les vaisseaux capillaires des fausses membranes et des tissus atteints d'inflammation chronique.

4° Les *tubes des glandes et des parenchymes.* — Ce sont des conduits à paroi mince, homogène ou striée. Tels sont les tubuli du rein, les tubes séminifères du testicule, les follicules simples ou enroulés, les acini des glandes en grappes simples ou composées, et enfin les vésicules closes.

5° Les *éléments nerveux*. — Ces éléments forment la base de la substance cérébro-spinale. Ils offrent l'état tubuleux dans la plus grande partie de leur étendue et se renflent en cellules pleines, soit à leur origine, soit sur leur trajet. Ils contiennent, dans leur intérieur, un filament ou *cylinder axis*; entre ce filament et la paroi tubulaire se trouve une substance demi-liquide, connue sous le nom de *moelle nerveuse* ou *tube médullaire*. Cette moelle est principalement formée de substance graisseuse. M. Robin distingue deux genres de tubes nerveux : 1° les *tubes larges* (tubes de la vie animale, tubes blancs, tubes à double contour); 2° les *tubes minces* (tubes de la vie organique, des nerfs gris, tubes sympathiques, nutritifs, à simple contour). Les uns et les autres offrent une paroi homogène, striée, mais non fibreuse et parsemée de noyaux chez l'embryon. Au centre de chaque tube nerveux se trouve le *cylinder axis*, filament très-mince, mais très-solide, formé de matière azotée. Autour de ce filament se trouve la *moelle nerveuse* ou *substance blanche* de Schwann, qui lui sert de gaîne.

Les tubes larges se subdivisent en *tubes sensitifs* ou *à cellules ganglionnaires*, et en *tubes moteurs* ou *sans cellules ganglionnaires*.

1° *Tubes larges sensitifs*. — Au niveau des ganglions, ces tubes présentent un corpuscule ou cellule qui est un simple renflement de leur paroi. Chaque tube parti de la moelle ou de l'encéphale pénètre dans ce corpuscule et en sort par le pôle opposé, pour aller s'unir à ses congénères au delà des ganglions. De là le nom de *cellules bipolaires*, qui a été donné aux corpuscules de cette espèce. Ces renflements cellulaires ont de 0,05 à 0,10 de millimètre de diamètre, tandis que le tube nerveux n'a que 0,010 à 0,015 de millimètre dans le reste de son trajet. Il y a des corpuscules ou cellules ganglionnaires qui sont en rapport avec plusieurs tubes : on leur a donné, à cause de cela, le nom de *cellules multipolaires*. Les cellules ganglionnaires sont toujours situées dans la substance grise ; on en trouve dans la substance grise du cerveau, du cervelet et de la moelle. Souvent il arrive que les cylindres axes, en sortant de ces cellules et en y pénétrant, se trouvent dépourvus de leur enveloppe ; ils traversent seuls la substance grise et forment ainsi l'origine des éléments nerveux. Les cellules bi- et multipolaires sont toujours pourvues d'un noyau, lequel est entouré, la plupart du temps, d'un amas de granulations graisseuses foncées.

2° *Tubes larges moteurs.* — Les tubes moteurs se distinguent des précédents, en ce qu'ils sont dépourvus de renflements ganglionnaires et tubuleux dans toute leur longueur.

Parmi les tubes minces, il y a aussi des tubes sensitifs et des tubes moteurs :

1° *Tubes minces sensitifs.* — Ils ne diffèrent des tubes larges que par leur volume ;

2° *Tubes minces moteurs.* — Ils sont analogues aux tubes larges moteurs.

Les *tubes larges, à corpuscules* ganglionnaires, se distribuent aux parties sensibles, tandis que les *tubes larges sans corpuscules* se distribuent dans les muscles. Il est probable, dit M. Robin, que les tubes minces offrent une distribution analogue. Mais, tandis que les premiers transmettent les *impressions sensitives conscientes et inconscientes*, les seconds sont destinés à transmettre les excitations motrices volontaires et réflexes (1).

Quant aux cellules ou corpuscules ganglionnaires, ils sont chargés d'élaborer l'influx nerveux moteur et sensitif, conscient ou inconscient. De là les noms de *cellules sensitives, cellules sympathiques* et *cellules à action réflexe* qui leur ont été donnés par les anatomistes. Il y a, en outre, des cellules d'un ordre particulier qui diffèrent des précédentes par leurs caractères anatomiques, par leur situation et par leurs propriétés physiologiques. Ces cellules sont situées dans la substance grise corticale des circonvolutions cérébrales. Elles ont été appelées *cellules de la pensée* ou *cellules volitives* (Ch. Robin et Owsjanikow). Nous reviendrons bientôt sur ces différents ordres de cellules. On range encore, parmi les cellules du système nerveux, les *corpuscules de Meissner* ou *corpuscules du tact* : ce sont de petits corps ovoïdes, ayant 6 à 8 centièmes de millimètre de diamètre, de couleur jaunâtre, peu réfrangibles; on les trouve dans les papilles de la peau et de la langue. Leur base est entourée de

(1) Nous verrons plus tard que ces tubes, différents par leurs fonctions, sont, au fond, identiques par leurs propriétés.

tubes nerveux, qui pénètrent parfois dans leur intérieur. Les papilles à corpuscules du tact ne sont jamais vasculaires.

Outre les éléments précédemment décrits, on en trouve encore d'autres appelés *fibres grises ou gélatiniformes, fibres nerveuses à noyaux* et *fibres de Remak*, du nom de l'anatomiste qui les a le premier décrits. Ces fibres sont situées dans les nerfs rachidiens, entre chaque ganglion et le point d'émergence des racines ou *rameaux radiculaires du grand sympathique.* Il y en a aussi, dans les *racines grises* de ce nerf et dans les *filets gris* qu'il envoie aux viscères. On n'en trouve que très-rarement dans les *rameaux blancs* du sympathique : ce sont des tubes nerveux véritables et non de simples expansions névrilématiques, comme le pensent à tort certains anatomistes.

Il y a encore à considérer dans le système nerveux la structure de la rétine et les *corpuscules de Pacini.* La rétine n'est autre chose que l'épanouissement membraneux du nerf optique. Elle répond à un ordre d'excitations spéciales, les excitations lumineuses ; et toutes les impressions qu'elle subit, lors même qu'elles auraient lieu dans l'obscurité, ont pour résultat des sensations lumineuses. De là, les *phosphènes,* ou cercles lumineux que l'on produit en comprimant les régions supérieures, inférieures ou latérales de l'œil. Un coup reçu dans l'œil peut produire le même effet : la locution vulgaire, *voir trente-six mille chandelles* est l'expression pittoresque d'une vérité physiologique.

À l'entrée du nerf optique, la rétine est plus épaisse que dans les autres parties et présente une saillie circulaire appelée *pupille du nerf optique.* A l'extrémité postérieure de l'axe optique de l'œil, un peu en dehors de la pupille, se trouve une dépression jaunâtre, connue sous le nom de *tache jaune (macula flava)* ou *macule de Sömmerring.* Le centre de la macule un peu plus déprimé que les bords a reçu le nom de *punctum cœcum* ou *foramen centrale* de Sömmerring, bien qu'en réalité il n'y ait point de trou en cet endroit. La rétine se compose de plusieurs couches formées d'éléments anatomiques différents et superposés.

La première couche, en allant d'arrière en avant, dite *couche des bâtonnets* ou *membrane de Jacob*, est formée de petits corps cylindriques, serrés les uns contre les autres comme des pieux. Leur longueur, qui mesure l'épaisseur de la membrane de Jacob, est de 0,05 à 0,07 de millimètre. Müller a décrit deux sortes de bâtonnets, les bâtonnets proprement dits et les *cônes* qui ont à peu près la forme et le volume de l'épithélium cylindrique. Les bâtonnets et les cônes sont placés sur le même plan. Ils portent à leur extrémité antérieure un noyau sphérique différent des myélocytes.

La seconde couche, *couche granuleuse externe*, est formée de myélocytes et de substance grise cérébrale. Elle est épaisse de 0,05 de millimètre environ. Au delà se trouve une nouvelle couche de substance grise sans myélocites; puis une seconde couche granuleuse (*couche granuleuse interne*) et, en avant, des cellules multipolaires anastomosées entre elles et avec les fibres du nerf optique. Plus en avant encore se trouve la *mem-brane limitante* de la rétine ou *couche de substance amorphe*. Son bord antérieur va jusqu'aux parois ciliaires et est appliqué directement sur le corps vitré. Mais les éléments nerveux de la rétine ne vont que jusqu'au corps ciliaire. La limite antérieure de la rétine est sinueuse. De là le nom de *ora serrata retinæ* qui lui a été donné par les anatomistes. De la surface de la membrane limitante se détachent les *fibres de Müller* qui traversent toutes les couches de la rétine et vont se perdre en arrière dans la membrane de Jacob. Ces fibres ne seraient autre chose suivant, Müller, que des prolongements -axes détachés des cellules multipolaires postérieures.

Les *corpuscules de Pacini* sont de petits corps ovoïdes d'un blanc nacré et de la grosseur d'un grain de chènevis. Ils sont appendus sur les filets nerveux collatéraux des doigts. Leur pédicule est formé d'un tube nerveux coiffé d'un névrilème de tissu cellulaire. Quant au corpuscule en lui-même, il est formé de plusieurs couches concentriques de tissu fibroïde.

IV. ÉLÉMENTS HOMOGÈNES CREUSÉS OU NON DE CAVITÉS, AVEC OU SANS CELLULES. — 1° *Éléments cartilagineux.* — On les distingue en *cartilages vrais* et *fibro-cartilages*, suivant que leur substance est homogène ou unie à l'élément fibreux. « Parmi les cartilages vrais, on range, la poulie de l'œil, les cartilages du nez et de tout l'appareil respiratoire, à l'exception de ceux de Santorini, des cunéiformes et de l'épiglotte; les cartilages des ligaments hyo-thyréoïdiens latéraux, les cartilages costaux, l'appendice xyphoïde du sternum et les cartilages articulaires, à l'exception du revêtement cartilagineux de la cavité glénoïde et de la tête du condyle de la mâchoire inférieure. Parmi les fibro-cartilages se placent les ligaments intervertébraux, les syn-chondroses, les cartilages de l'oreille, ceux de Santorini et de Wrisberg, celui de la trompe d'Eustache, l'épiglotte, le cartilage interarticulaire de l'articulation sterno-claviculaire et le revê-tement cartilagineux des surfaces de l'articulation temporo-maxillaire (1). »

L'élément cartilagineux est caractérisé, suivant M. Robin et la plupart des anatomistes, par une substance homogène, solide, creusée de cavités appelés *chondroplastes*, contenant un liquide clair, des corpuscules ou des cellules. M. Robin en distingue quatre espèces qui différent par la forme des chondroplastes et par leur contenu. Les chondroplastes de la première espèce sont constitués par des cavités larges de un à deux centièmes de millimètre, sans corpuscules ni cellules. La deuxième variété présente, au contraire, des cavités étroites renfermant des *cor-puscules* ou granulations entourés de substances amorphes. Dans la troisième variété, les cavités sont très-grandes et contien-nent une ou plusieurs cellules offrant un noyau sphérique sou-vent résorbé, à l'état pathologique ou chez les vieillards, par les dépôts huileux qui se forment à sa place. La quatrième variété, au lieu d'être homogène, est fibroïde. C'est le *fibro-cartilage*.

La plupart des cartilages sont dépourvus de vaisseaux. Ceux qui se trouvent dans ce cas sont revêtus d'une membrane appelée *périchondre*, qui, elle, est vasculaire et sujette à l'inflam-mation. Mais le cartilage non-vasculaire ne s'enflamme ni ne s'atrophie. Il s'use seulement par les frottements. Lorsqu'ils passent à l'état d'os, les cartilages se vascularisent. C'est ce qu'on observe chez le fœtus dans le cartilage d'ossification. — L'élément cartilagineux forme la base des tumeurs appelées *enchondromes*. Les enchondromes peuvent se développer hétéro-topiquement. Mais le plus souvent, il y a simplement hyper-genèse ou hypertrophie de l'élément cartilagineux.

Les cartilages prennent naissance chez l'embryon autour de

(1) Robin, *Dict. dit de Nysten*, art. CARTILAGE et FIBRO-CARTILAGE.

la notocorde dans la substance hyaline qui entoure les noyaux embryoplastiques.

2° *Élément osseux.* — L'élément osseux ou *ostéoplaste (substance fondamentale des os, cellule osseuse)* est caractérisé par une matière homogène, amorphe, dépourvue de carbonate de chaux et creusée d'une cavité, d'où partent des canalicules sous forme de rayons excentriques. Ces canalicules font communiquer les ostéoplastes les uns avec les autres, ou bien ils se jettent dans les *canaux de Havers,* lorsque ces derniers se trouvent sur leur trajet. Les ostéoplastes dérivent directement des chondroplastes, dont le contenu se résorbe pour faire place au liquide qui remplit les cellules osseuses. Souvent même un seul chondroplaste donne naissance à plusieurs ostéoplastes par cloisonnement de sa cavité. Les ostéoplastes ne doivent pas être confondus avec les cavités vasculaires que l'on voit à l'œil nu sur la tranche des os. Ces éléments ne peuvent être vus qu'au microscope. Ils ont de 12 à 24 millièmes de millimètre de diamètre, et se présentent sous la forme de cavités ovoïdes ou anguleuses, à cause de l'orifice élargi qui sert d'origine aux canalicules rayonnés. Sur les os à l'état frais, ces éléments offrent des reflets brillants dus au liquide qui y est contenu. Sur les os desséchés, la cavité et les canalicules prennent, au contraire, une teinte foncée, noirâtre qui indique la présence des gaz à la place du liquide primitif.

Comme l'élément cartilagineux, l'élément osseux est sujet à l'hypertrophie et à l'hypergenèse. De là, les *exostoses* et les *tumeurs ostéoïdes* ou exostoses péri-articulaires des vieillards. Les tumeurs sarcomateuses des os ou *ostéo-sarcomes* sont surtout constituées par des myéloplaxes et des médullocelles. L'élément osseux proprement dit n'y figure point.

Division des éléments anatomiques en constituants et produits. — Les éléments que nous venons d'énumérer, groupés en proportions diverses et enchevêtrés de différentes façons constituent à eux seuls tous les tissus de l'économie. On en trouve aussi en suspension dans les blastèmes et dans les plasmas. Les humeurs proprement dites, telles que la sueur, la salive, la bile, le suc pancréatique, les différents mucus, le sperme, le liquide des follicules de Graaf, en contiennent également. Mais, tandis que certaines espèces forment la partie fondamentale des tissus et des humeurs, d'autres n'y existent que comme élément accessoire, perfectionnant leur constitution et susceptibles de s'en détacher sans les détruire. Les premiers ont été désignés par de Blainville et, après lui, par M. le professeur Robin sous le nom d'*Éléments constituants*. Ils naissent chez l'embryon, par *substitution*, aux dépens du blastème formé par la liquéfaction des cellules embryonnaires, et ne se métamorphosent pas. Les tissus dont ils font partie sont généralement sensibles ou con-tractiles et presque toujours vasculaires. Ils sont directement actifs et fournissent les matériaux nécessaires à la formation des *produits*. Au nombre des éléments constituants se rangent : l'élé-ment musculaire, le nerveux, le lamineux, l'élastique, l'adipeux, l'osseux, le cartilagineux, etc.

Les seconds ont reçu des mêmes anatomistes le nom d'*élé-ments produits*. Ils naissent, chez l'embryon, par métamorphose des cellules embryonnaires, et chez l'adulte, aux dépens des blastèmes fournis par les éléments constituants. Tels sont l'ovule mâle et femelle, les spermatozoïdes, les épithéliums, les poils, les ongles, l'ivoire ou dentine, l'émail, les cellules du cristallin, etc. On range aussi parmi les produits, les humeurs excrémenti-tielles et sécrémentitielles, comme la sueur, l'urine, la salive, les sucs gastrique, biliaire, pancréatique et même les fèces. Mais ces dernières n'ont point fait partie de l'organisme. Ce sont de simples résidus de la digestion.

La plupart de ces éléments sont des produits de désassimila-tion. Ils servent à la conservation de l'espèce ou à la conserva-tion de l'individu en fournissant les matériaux de la fécondation et des sécrétions. Quelques-uns, comme les épithéliums, sont en voie incessante de rénovation. Ils jouissent à un degré plus pro-noncé que les constituants des propriétés végétatives (nutrition, développement, génération). Aussi sont-ils, plus que tous les au-tres, sujets à l'hypergenèse. La plupart des tumeurs résultent de leur développement exagéré ou de leur hypertrophie. En revan-che, ils sont tous dépourvus des propriétés animales (contractilité et innervation) et la plupart sont privés de vaisseaux. C'est le cas des épithéliums qui tapissent les tubes des glandes et les mem-branes muqueuses. Leur nutrition a lieu aux dépens des tissus voisins.

CHAPITRE II.

DES PROPRIÉTÉS BIOLOGIQUES OU VITALES DES ÉLÉMENTS ANATOMIQUES.

La notion de propriété, comme la notion d'élément anatomique, est due à l'initiative de Glisson. Pour lui, la matière organisée est douée d'une force spéciale qu'il nomme irritabilité, parce que, dit-il, elle est mise en jeu par les irritants externes et internes. Il distingue trois modes dans l'irritabilité : *l'irritabilité naturelle*, *l'irritabilité sensitive*, et *l'irritabilité volontaire*. La première est dévolue à la fibre animale en général, voire même au sang et aux humeurs. La seconde est spéciale au système nerveux périphérique, et se transmet du nerf primitivement irrité à tous les tissus irritables. La troisième est l'apanage exclusif de la matière cérébrale, qui transmet les irritations intérieures aux muscles par l'intermédiaire des nerfs.

« Les contemporains de Glisson le comprirent peu. Entraînés par les doctrines iatro-mécaniques qui régnaient alors, ils ne saisirent pas ce qu'il y a d'essentiellement physiologique dans cette idée, de l'irritabilité qui enlève à la matière vivante toute spontanéité d'action, et place toujours l'origine des mouvements qui l'amènent dans des causes irritantes placées en dehors d'elle. Ils cherchèrent l'explication des phénomènes vitaux dans le mouvement direct et spontané des diverses parties des corps vivants (1). » Cette erreur doit être mise surtout sur le compte de Descartes, qui ne voyait dans les animaux que des machines obéissant uniquement aux lois de la mécanique et de l'hydraulique. Elle fut d'abord propagée par Pacchioni et Baglivi. Ces deux physiologistes, ayant vu les méninges battre et se contracter, en quelque sorte, après la trépanation, supposèrent que la dure-mère était le moteur initial de l'organisme et la cause première de la vie. Le cerveau n'était lui-même qu'une glande destinée à sécréter le fluide nerveux. Cette idée, développée par Borelli, devint le fondement de la médecine mécanicienne,

(1) Cl. Bernard, *Cours de physiologie générale.*

réaction effrénée et peu judicieuse contre l'iatrochimie, non moins excessive, de Sylvius.

De concert avec Sténon, Borelli avait démontré la texture musculaire du cœur. Il se servit de ce fait pour étayer sa théorie. Selon lui, le fluide nerveux, comprimé dans les ventricules du cerveau, en chasse les esprits animaux et les pousse vers le cœur par l'intermédiaire des veines. Là ils font effervescence avec le sang et provoquent les contractions cardiaques. Ils pénètrent ainsi dans les artères pour aller porter partout le mouvement, c'est-à-dire la vie. Du reste, le fluide nerveux n'est pas seulement secrété dans les ventricules ; il l'est aussi dans la *substance spongieuse* des nerfs et peut se porter tour à tour du cerveau vers les organes, et des organes vers le cerveau. Celui qui produit le mouvement est le même que celui qui donne lieu au sentiment.

Cette physiologie, quelque barbare qu'elle nous paraisse aujourd'hui, n'en avait pas moins un mérite : celui d'exclure le surnaturel de la science. En affirmant l'autonomie de l'organisme, Borelli rendait inutile l'hypothèse des forces immatérielles considérées comme les moteurs invisibles de l'activité vitale. C'est sans doute à ce titre que son opinion fut adoptée par les grands médecins de l'époque, tels que Boerhaave et Frédéric Hoffmann, à qui elle dut surtout sa popularité. Pour Hoffmann, comme pour Boerhaave, la santé consiste dans l'équilibre constant maintenu par le fluide nerveux entre le sang et les esprits animaux. Cet équilibre dépend essentiellement de la régularité des contractions de la dure-mère et de l'intégrité des sécrétions. De là, trois sortes de maladies : celles qui dépendent du mélange imparfait des humeurs par suite de l'altération des glandes, et celles qui sont dues au spasme ou à l'atonie des méninges. Fantoni faisait observer avec raison que cette conception n'avait point de base ; car, disait-il, la dure-mère adhérant au crâne, doit être absolument dépourvue de mouvements dans l'état normal. Il ajoutait non moins judicieusement que les irritants appliqués à sa surface n'y produisent jamais de contractions. Mais ses protestations ne furent point entendues.

Une réaction devenait inévitable. Ce fut Stahl qui s'en chargea. Mais, en attribuant à une âme immatérielle tous les phénomènes de la vie, il ne fit que substituer une entité chimérique aux hypothèses des mécaniciens. Le *motus tonico-vitalis*, qu'il place dans les capillaires, indique pourtant une tendance à l'analyse. C'est en quelque sorte un retour involontaire vers l'idée de propriété. Stahl pense que les capillaires sont doués d'une sorte d'autonomie qui les soustrait à l'empire de la volonté et par conséquent à l'influence de l'âme. C'est par leur contraction irrégulière qu'il cherche à expliquer les congestions viscérales qui surviennent dans les maladies chroniques, et ces dérivations morbides que quelques médecins désignent encore aujourd'hui sous le nom de *sympathies*, de *métastases* ou de *mouvements fluxionnaires;* autant de mots absolument vides de sens. La tentative de Stahl est digne de remarque. Elle nous paraît se rattacher, très-indirectement il est vrai, à la théorie plus moderne des actions réflexes ganglionnaires.

Vers la même époque, Weitbrecht avait professé une opinion analogue à celle de Stahl et plus rapprochée de la vérité. L'impulsion du cœur ne lui paraissant pas suffisante pour faire progresser le sang dans les capillaires, il avait supposé que ces derniers jouissent d'une *contractilité* particulière destinée à faciliter la circulation interstitielle. Il avait soin d'ajouter qu'on ne peut en aucune façon comparer l'action des vaisseaux capillaires à celle des tubes de verre qui attirent les liquides dans leur intérieur, en vertu de la capillarité; car ces capillaires sont toujours remplis de sang, ce qui exclut la possibilité du phénomène physique en question. A la place des capillaires, mettez les artérioles et les veinules, et vous aurez le phénomène admis aujourd'hui par tout le monde. Weitbrecht était donc très en avance sur les idées de son temps. Mais cette vérité se perdit, comme tant d'autres, au milieu du chaos des doctrines physiologiques de l'époque. Du reste, Weitbrecht ne se faisait pas de la contractilité capillaire, l'idée que nous avons aujourd'hui de la propriété de l'élément musculaire. Pour lui, comme pour Stahl, cette contraction était due à un principe vital spécial qui n'est autre que le *motus tonico-vitalis* du médecin de Halle.

Stahl et tous les physiologistes de son école s'étaient attachés avant tout à faire ressortir les différences qui existent entre les corps organisés et les corps bruts; à tel point que la vie n'était pour eux qu'une lutte continuelle de l'organisme contre les forces physiques et chimiques. Cette conception était fausse de tout point; car l'être organisé ne pourrait prendre naissance, ni subsister un seul instant en dehors des milieux physiques, qui, loin de lui nuire, lui fournissent, au contraire, ses conditions d'existence. L'idée de Stahl n'en fut pas moins adoptée par tout le monde, et Bichat lui-même l'a reproduite lorsqu'il a dit que : « la mesure de la vie est, en général, la différence qui existe entre l'effort des puissances extérieures et celui de la résistance intérieure (1). »

L'animisme eut pourtant de nombreux contradicteurs. Les uns lui reprochaient de conduire au matérialisme, car, disaient-ils, la fibre musculaire arrachée de l'organisme, conserve encore pendant quelque temps la faculté de se contracter. Si l'âme est le moteur unique de la vie, elle est donc divisible, ce qui est incompatible avec son immatérialité. L'objection n'était pas sans valeur, et elle conserve encore toute sa force ; car les spiritualistes n'ont jamais pu réussir à la réfuter. C'est pour obvier à cette impuissance qu'a été inventé le double dynamisme; lequel, au lieu de résoudre la difficulté, n'a fait que la compliquer d'une impossibilité de plus.

On objectait encore à Stahl que les végétaux, qui n'ont point d'âme apparemment, n'en sont pas moins vivants. Il répondit, comme l'avait fait Descartes pour les animaux, que leurs mouvements étaient purement mécaniques. Mais la réponse ne fut pas jugée satisfaisante. C'est alors que Darwin, croyant imposer silence aux contradicteurs, accorda aux plantes une âme analogue à celle des animaux. Les erreurs s'accumulaient ainsi avec les hypothèses, et la physiologie demeurait toujours entourée des mêmes obscurités.

Gorter reprit l'idée de Glisson, qui était la plus rationnelle de toutes, et il la généralisa à tous les êtres organisés. Il admit dans toutes les parties des plantes et des animaux un principe spécial, distinct des forces physiques et chimiques, qui produisait des mouvements sous l'influence des excitations. Gaub fit un pas de plus. Tandis que Gorter, Winter et Lups n'accordaient l'irrita-

---

(1) Bichat, *Recherches sur la vie et la mort.* Paris, 1818, in-8°, p. 2.

bilité qu'aux solides, Gaub soutint qu'elle existait aussi dans les liquides et en particulier dans le sang, qui est l'origine commune de tous les solides de l'organisme. Mais toutes ces opinions, basées sur des vues *à priori*, n'amenaient point la certitude dans les esprits. L'expérience seule pouvait résoudre la question, et nul ne songeait à y recourir.

Haller, le premier (1777), expérimenta l'influence des divers agents physiques sur les tissus vivants. Il reconnut que la plupart d'entre eux étaient susceptibles de se laisser distendre et de revenir ensuite à leur point de départ. Cette propriété, qui n'est autre que l'élasticité, reçut de Haller le nom de *contractilité*. Il remarqua, en outre, que les muscles se raccourcissent sous l'influence des nerfs et des excitants divers. Il désigna cette propriété du tissu musculaire par le mot *irritabilité*. C'est ce que nous entendons aujourd'hui par contractilité. Haller avait essayé aussi d'irriter les nerfs et il avait vu les animaux manifester une vive douleur sous l'influence de ces irritations. Il en conclut que le système nerveux possédait, de même que le tissu musculaire, une propriété spéciale et complétement distincte de la première, à laquelle il donna le nom de *sensibilité*.

Avec ces deux propriétés, Haller voulait expliquer tous les mouvements et toutes les fonctions des corps organisés. Il ne voyait partout que des modalités de l'irritabilité et de la sensibilité. Le nerf était pour lui l'excitant naturel du muscle, qui réagissait à son tour sur les autres organes. Mais il se refusa toujours à admettre l'irritabilité et la sensibilité ailleurs que dans le tissu nerveux et le tissu musculaire. Ses contradicteurs lui objectèrent avec raison que les végétaux n'étaient ni sensibles ni irritables, bien qu'ils fussent vivants. En effet, la conception physiologique de Haller était incomplète. Mais il avait raison en affirmant l'autonomie organique des muscles et des nerfs.

Lary et R. Whytt n'admirent point l'indépendance des propriétés vitales telle qu'elle avait été conçue et établie expérimentalement par Haller. Ils prétendirent que le système nerveux est le moteur unique et universel, la source commune de la sensibilité et du mouvement. Si les muscles se contractent encore lorsqu'on les a séparés des troncs nerveux, cela tient uniquement, disaient-ils, aux filets nerveux qui y sont contenus et qui n'ont point perdu tout leur pouvoir excitateur. Du reste, ils soutenaient, contrairement à l'opinion de Stahl, que les propriétés des nerfs sont indépendantes de l'âme et peuvent se manifester sans son intervention. Ils réservaient à cette dernière le domaine de l'intelligence et de la raison. Mais la propriété du système nerveux était néanmoins considérée par eux comme la propriété fondamentale des êtres vivants. De là le nom de *névristes* qui leur fut donné alors et par lequel on désigne encore aujourd'hui les physiologistes qui sont restés fidèles à cette opinion.

La théorie unitaire de R. Whytt et de Lary fut reprise par les vitalistes qui la transformèrent complétement. Barthez et ses partisans ne virent plus dans la sensibilité une propriété particulière inhérente au tissu nerveux; ils en firent une faculté du *principe vital*, force simple et immatérielle analogue, quoique inférieure, à l'âme pensante et universellement répandue dans l'organisme. De leur côté, les matérialistes soutinrent que la vie n'est que la résultante des forces physiques et chimiques. Ils montrèrent l'influence capitale des milieux terrestres et atmosphériques sur l'évolution et le développement des êtres vivants, et rendirent ainsi un immense service à la physiologie en la débarrassant des entités métaphysiques créées par les vitalistes. Leur seul tort fut de méconnaître l'autonomie des éléments anatomiques et l'indépendance des propriétés organiques déjà reconnues par Haller et par Robert Whytt.

Nous avons déjà dit que Bichat s'était trompé sur la nature des tissus, qu'il a confondus à tort avec les éléments anatomiques. On doit lui reprocher aussi d'avoir méconnu le rôle tout puissant des milieux cosmiques dans la production et la conservation de la vie. Ces deux erreurs, de même que l'hypothèse des *vaisseaux absorbants*, témoignent de l'insuffisance de ses connaissances physico-chimiques. La seconde surtout est capitale et aurait dû égarer complétement un génie moins clairvoyant que le sien. Mais, grâce à la rectitude de son jugement et à l'esprit philosophique qui dirigeait tous ses travaux, Bichat devait facilement se soustraire aux conséquences de son erreur, et arriver à une conception physiologique de beaucoup supérieure à celle de ses devanciers.

Il s'attache d'abord à établir cette notion de l'immanence des propriétés, méconnue par les métaphysiciens de tous les temps, et qui est pourtant la base de toute science et de toute philosophie. Les corps se manifestent à nous, dit-il, par des propriétés générales ou particulières qui leur sont inhérentes et sans lesquelles on ne saurait les concevoir. « Elles en constituent l'essence et l'attribut. Exister et en jouir sont deux choses inséparables pour eux... (1) Cette manière d'énoncer les propriétés vitales et physiques annonce assez qu'il ne faut point remonter au delà dans nos explications, qu'elles offrent les principes et que les explications doivent en être déduites comme autant de conséquences... La doctrine générale de ce livre ne porte précisément l'empreinte d'aucune de celles qui règnent en médecine et en physiologie. Opposée à celle de Boerhaave, elle diffère et de celle de Stahl et de celle des auteurs qui, comme lui, ont tout rapporté dans l'économie vivante à un principe unique, principe

(1) C'est pour avoir méconnu cette corrélation nécessaire entre la propriété et l'objet, entre l'état statique ou moléculaire des corps et leur état dynamique ou fonctionnel, que les métaphysiciens (spiritualistes, vitalistes et autres) ont admis (sous le nom de *fluides impondérables, âme, archée, principe vital*) de prétendues causes ou forces immatérielles antérieures à la matière, mais susceptibles de s'y incorporer momentanément pour lui imprimer le mouvement et la vie. Cette conception est une pure abstraction. En fait, rien de semblable n'existe. Il n'y a pas de forces extérieures, et partant point de causes dans le sens métaphysique du mot. « Il n'y a que des forces intérieures, des modes d'activité, des propriétés. Tous les corps sont actifs par eux-mêmes et leurs propriétés en sont inséparables (*). » Prenez une pierre, une plante, un homme, et dépouillez-les par la pensée de toutes leurs propriétés physiques, chimiques et biologiques, il ne vous restera plus rien. Oter à la pierre sa forme, son volume, sa densité, sa masse, son poids, etc.; à la plante et à l'animal les propriétés précédentes, plus les propriétés particulières qui les caractérisent, telles que la nutrition, le développement, la reproduction, la contractilité, l'innervation, c'est leur enlever l'être, les réduire au néant. Les deux termes corps ou matière (car c'est tout un) et celui de propriété sont corrélatifs : ils ne sauraient exister isolément. L'expression abstraite de propriété n'existerait même pas sans la notion concrète d'où elle procède. « Il est bien vrai, dit Voltaire, que je puis me former, en général, l'idée d'une substance étendue, impénétrable et figurable, sans songer à du sable, à du limon ou à de l'or ; mais cependant cette matière est réellement quelqu'une de ces choses ou elle n'est rien du tout ; de même, je puis penser à un triangle en général, sans m'arrêter au triangle équilatéral, au scalène, à l'isocèle, etc. ; mais il faut pourtant qu'un triangle qui existe soit l'un de ceux-là (**). »

(*) Ch. Robin et Littré, *Dict.*, dit *de Nysten*, art. MATIÈRE et INERTIE.
(**) Voltaire, *Philosophie de Newton*, t. XVII des *Œuvres complètes*, p. 303, édit. Lahure. Paris, 1860.

abstrait, idéal et purement imaginaire, quel que soit le nom d'*âme*, de *principe vital*, d'*archée*, etc., sous lequel on le désigne. Analyser avec précision les propriétés des corps vivants; montrer que tout phénomène physiologique se rapporte en dernière analyse à ces propriétés considérées dans leur état naturel, que tout phénomène pathologique dérive de leur augmentation, de leur diminution ou de leur altération, que tout phénomène thérapeutique a pour principe leur retour au type normal dont elles s'étaient écartées; fixer avec précision les cas où chacune est mise en jeu; bien distinguer, en physiologie comme en médecine, ce qui provient de l'une et ce qui émane des autres... Voilà la doctrine générale de cet ouvrage (1).

Après cette introduction magistrale, Bichat expose le résultat de ses recherches sur les propriétés vitales immanentes aux di-

---

Il est donc vrai de dire, avec MM. Robin et Littré, « qu'il n'y a de réel que les corps escortés de leurs propriétés ».

Quelquefois, il est vrai, on voit un corps changer d'état, entrer en activité sous l'influence d'un autre corps, ou même sans cause apparente. En pareil cas, si l'on ne se rend pas compte du rapport qui relie les deux corps ou de la nature de la modification moléculaire qu'ils ont subie, on est naturellement porté à attribuer ce nouveau mode d'activité à une force inconnue, indépendante et distincte des objets matériels. Mais, au fond, il n'en est rien. Toute propriété ou force, de quelque nature qu'elle soit, qu'on la qualifie de force physique, de force chimique ou de force vitale, est constamment le produit de l'état moléculaire habituel ou momentané du corps où elle se manifeste. Dans le premier cas, elle résulte de la nature même du corps, de sa structure normale, permanente ; dans le second cas, au contraire, elle résulte d'une modification moléculaire imprimée à ce corps par un autre, avec lequel il se trouve en rapport médiat ou immédiat. Ainsi, par exemple, lorsqu'on place un barreau d fer doux dans la spirale d'un solénoïde, on le voit acquérir aussitôt les propriétés d'un aimant. Comment cela se fait-il, que s'est-il passé dans le fer pour que son activité se soit ainsi modifiée ? Nous n'en savons rien au juste, car il nous est impossible de constater directement les mouvements moléculaires des corps. Nous ne pouvons faire à cet égard que des conjectures plus ou moins probables. Il nous est également impossible de déterminer le genre de modification subi par les molécules du nerf moteur au moment de la contraction musculaire. Cependant nous ne pouvons douter que l'aimantation du fer et la contraction du muscle ne se soient produites sous l'influence de la pile électrique et de l'influx nerveux ; car la section du nerf et l'interruption du courant suppriment à la fois la contraction musculaire et le pouvoir attractif de l'électro-aimant. Ainsi, partout où nous voyons une propriété, une force ou une fonction, nous sommes sûrs de trouver un corps ou un système de corps capables d'en rendre compte. Il est donc aussi inutile qu'absurde de chercher ailleurs que dans les corps eux-mêmes les conditions d'existence des phénomènes.

(1) Bichat, *Anatomie générale, préface et introduction,* passim.

vers tissus de l'organisme. Il pense, comme Haller, Lary et R. Whytt, que la vie se réduit à la sensibilité et au mouvement. Mais il décrit deux modalités distinctes dans l'être vivant : l'une qui est commune au végétal et à l'animal et qu'il désigne sous le nom de *vie organique* ou de *nutrition*, l'autre qui est affectée exclusivement à l'animal, et qu'il nomme *vie animale* ou de *relation*. Cette division, très-naturelle, caractérise, en effet, on ne peut mieux, les différences qui existent entre les animaux et les végétaux. Elle est restée et restera dans la science comme l'expression la plus simple et la plus vraie des faits physiologiques.

La *vie organique* est mise en jeu par deux propriétés élémentaires inhérentes à tous les tissus chez les végétaux et à quelques-uns seulement chez les animaux. La première est désignée par Bichat sous le nom de *sensibilité organique*, et la seconde sous celui de *contractilité organique insensible* ou tonicité. L'une et l'autre sont latentes et ne peuvent être constatées que par les effets qu'elles produisent. La circulation de la séve, la circulation capillaire, la nutrition et les sécrétions diverses résultent de l'action simultanée de ces deux facultés !

A la *vie animale* correspondent aussi deux propriétés élémentaires. L'une, la *sensibilité animale*, est inhérente au tissu nerveux ; l'autre, la *contractilité organique sensible*, est inhérente au tissu musculaire. La sensibilité animale de Bichat n'est autre chose que la sensibilité de Haller et de R. Whytt. Quant à la contractilité organique sensible, elle répond à l'irritabilité hallerienne. Cette dernière se manifeste à la fois dans les muscles de la vie organique et dans les muscles de la vie animale. Mais Bichat distingue mal à propos deux modes dans la contractilité organique sensible, suivant qu'elle est mise en jeu par les nerfs ou par les irritants physiques et chimiques. Il appelle *contractilité animale* celle qui répond à l'irritation du nerf, et *contractilité organique* celle qui est excitée par les irritations artificielles. C'est celle-ci qui correspond réellement à l'irritabilité de Haller.

Cette distinction est évidemment vicieuse. Quelles que soient les circonstances qui président à la contraction musculaire, cette contraction est toujours due à la contractilité. Mais sur le vivant elle peut être excitée de deux manières : physiologiquement par le nerf moteur, et artificiellement par les irritations extérieures. Il est vrai que sur le cadavre elle peut encore être excitée directement par l'irritation du muscle, alors qu'elle ne répond plus à l'excitation artificielle exercée sur le nerf. Ce fait prouve que les éléments nerveux meurent plus rapidement que les fibres musculaires, mais il ne justifie en aucune façon la distinction établie par Bichat.

Les expressions *vie organique* et *vie animale* laissent aussi à désirer ; car l'*organisation* est commune aux végétaux et aux animaux. Les premiers ne font que se nourrir, se développer et se reproduire ; ils *végètent,* c'est le mot ; tandis que les seconds, tout en végétant, comme leurs congénères, sentent et se meuvent. Très-complexe chez les uns, l'organisation l'est moins chez les autres ; mais ce sont tous des corps *organisés.* Aussi les physiologistes actuels, tout en conservant la division établie par Bichat, ont fait disparaître l'épithète *organique* appliquée à la vie des plantes. Ils ont donné le nom de *vie végétative* aux fonctions de nutrition et de reproduction, et celui de *vie animale* aux actes moteurs et sensitifs. Les êtres organisés sont ainsi naturellement divisés en deux classes : les *végétaux,* qui possèdent seulement les propriétés affectées à la vie végétative, et les *animaux,* qui jouissent à la fois des unes et des autres.

De Blainville avait déjà créé les expressions *faculté assimilatrice* et *faculté désassimilatrice* pour désigner les actes qui correspondent aux fonctions de la vie végétative. « On peut donner, dit-il, le nom de *faculté assimilatrice* ou de *composition* à celle qui, terme de toutes les fonctions de la nutrition, produit l'entretien de l'individu. Ce n'est, comme nous le verrons par la suite, qu'une modification de la propriété la plus générale de la matière, de l'attraction moléculaire. Nous nommerons par opposition *faculté désassimilatrice* ou de *décomposition* celle qui, résultat de toutes les fonctions de génération, produit la destruction de l'individu ou l'entretien de l'espèce ; c'est, au contraire, une modification de cette autre propriété générale de la matière, de la répulsion ou de l'expansion. Nous verrons que tout l'appareil de la nutrition agit de dehors en dedans ou par attraction vers le corps vivant, tandis que celui de la génération agit

en sens inverse de dedans en dehors ou par répulsion des molé
cules de ce même corps vivant (1). »

Cette division des propriétés végétatives en deux systèmes,
l'un assimilateur ou attractif, l'autre désassimilateur ou expulsif,
est parfaitement justifiée. Ces deux faces opposées de l'activité
vitale se retrouvent, en effet, chez tous les êtres organisés sans
exception. Mais la conception de de Blainville est beaucoup trop
synthétique pour être claire. De même que Bichat, son maître,
il confond la nutrition avec le développement ; quant à la reproduction, il en fait une fonction à part, qu'il oppose à la nutrition, sous prétexte qu'elle amoindrit l'individu au profit de
l'espèce. Le fait est vrai ; mais la conséquence nous paraît au
moins exagérée, car cette opposition n'existe pas seulement
entre la nutrition et la génération. On la constate toutes les fois
que la désassimilation est en excès ; alors l'équilibre est rompu,
il y a perte de substance et amaigrissement de l'individu, par le
fait même de la nutrition. Du reste, on voit tous les jours des animaux se nourrir sans se développer ; c'est l'état normal de l'âge
adulte. La génération elle-même est intermittente chez l'adulte,
elle n'existe pas encore chez l'enfant et elle disparaît chez le vieillard ; tandis que la nutrition, condition expresse et immédiate de
la vie, subsiste toujours. Ces trois propriétés sont donc parfaite-
tement distinctes. Ce ne sont pas des fonctions, comme on le
dit encore quelquefois, mais des propriétés élémentaires de la
substance organisée. Une pareille confusion toute naturelle de
la part de Bichat et de de Blainville, qui confondaient les
éléments anatomiques avec les tissus, est moins pardonnable de
nos jours après les progrès de l'anatomie générale ; et l'on a
peine à comprendre que des physiologistes, tels que Lobstein,
Virchow et M. Cl. Bernard lui-même, s'obstinent encore dans
cette voie aussi obscure qu'inexacte. Remontant jusqu'aux
idées de Glisson, ils considèrent toujours l'irritabilité comme
une propriété générale de la matière organisée.

Lobstein et Virchow admettent trois espèces d'irritabilité :
l'irritabilité fonctionnelle, *l'irritabilité nutritive* et *l'irritabilité formatrice*. La première correspond aux deux propriétés

---

(1) Ducrotay de Blainville, *Organisation des animaux*, t. 1, p. 19.

animales, la contractilité et l'innervation, tandis que la seconde
et la troisième tiennent la place des propriétés végétatives, nu-
rition, développement et génération. « Il n'y a, en effet, dit
M. Cl. Bernard, que trois choses dans un être vivant, sa fonction,
sa nutrition, son développement, et chacune a ses irritants spéciaux comme son irritabilité particulière. Encore l'irritabilité
de développement peut-elle, suivant moi, se ramener à l'irritabilité nutritive, dont elle n'est, à vrai dire, qu'une des manifestations (1). » Ainsi, pour M. Cl. Bernard, la contractilité, l'innervation et la génération sont des fonctions et non des
propriétés élémentaires. Il est impossible à un auditeur non
prévenu d'interpréter d'une autre façon le passage que nous
venons de citer. En y réfléchissant un peu, on comprend qu'une
pareille hérésie est de pure forme, et que telle n'est point la
pensée intime du professeur. Cette confusion de langage n'en
est pas moins regrettable ; car elle peut conduire à une fausse
conception du fait physiologique.

C'est par un semblable oubli de la méthode anatomique et de
l'analyse scientifique, que Broussais était arrivé à la doctrine
exclusive de l'irritation. Après avoir blâmé le dichotomisme de
Brown qui, en vertu de la théorie de l'excitation, ne voyait
partout que des maladies par excès ou par défaut de *stimulus*,
Broussais, commit une faute encore plus grave en faisant dériver tous les états pathologiques d'une irritation anormale.
Pour lui, comme pour Brown, la vie ne s'entretient que par l'irritation. L'excitabilité, ou irritabilité, commune à tous les tissus,
est mise en jeu directement ou indirectement, par les excitants
ou irritants extérieurs (*incitamenta* de Brown). Mais, à côté des
irritants physiologiques, il y a des irritants morbides. Les premiers peuvent même produire une irritation anormale dans
certains cas ; de là la théorie de l'irritation. L'irritation peut d'ailleurs provenir d'un excès ou d'un défaut d'excitation. Dans le
premier cas, elle est directe ; dans le second cas, elle est indirecte, mais elle n'en existe pas moins. De là à l'administration
des débilitants et à la pratique de la saignée, comme méthode

(1) Cl. Bernard, *Leçons de la Sorbonne*, publiées dans la *Revue des cours scientifiques*, année 1864, n° 27

générale de traitement, il n'y avait qu'un pas; ce pas fut rapidement franchi par Broussais, dont la logique égalait la conviction. On le lui a reproché, non sans raison. Mais les vitalistes, qui se sont surtout montrés sévères envers lui, étaient tenus à un peu plus de tolérance à son égard, car c'est pour avoir suivi leurs errements que Broussais s'est trompé. Lui, qui avait passé sa vie à combattre l'ontologie et les entités médicales, n'a pu se garantir complétement de la métaphysique. Au lieu de s'en tenir à l'idée de Haller, qui avait fait de l'irritabilité une propriété du tissu musculaire, il a, comme Glisson et l'école allemande actuelle, généralisé cette propriété à tous les tissus de l'économie. Or, l'irritabilité ainsi conçue est une véritable entité : c'est une abstraction au même titre que la force vitale.

Dire d'un élément qu'il est irritable, cela signifie que ses propriétés sont susceptibles d'être mises en jeu par les irritants internes ou externes ; mais cela n'implique en aucune façon qu'il soit doué d'une propriété spéciale, irréductible, nommée irritabilité. Il n'y a en réalité que cinq propriétés élémentaires de la matière organisée, la nutrition, le développement, la génération, la contractilité et l'innervation. Quand ces propriétés entrent en jeu sous l'influence d'un irritant normal ou anormal, on peut dire qu'il y a irritation ; mais les termes *irritation* et *irritabilité* n'ont pas de réalité objective. Ils expriment simplement les divers degrés de l'activité vitale, c'est-à-dire l'intensité plus ou moins grande que peuvent présenter les cinq propriétés vitales dans leur mode d'action. « Nulle part, dit M. Robin, *l'irritabilité* ou *l'irritation* ne se montre en l'absence de la nutrition. De même, si l'on fait disparaître artificiellement l'innervation d'un nerf, la contractilité d'un muscle, la reproduction d'une cellule, etc., jamais l'irritation ne persiste. En sorte que toujours la suppression du mode (nutritif, évolutif, etc.) entraîne la disposition du genre (irritabilité), dont on avait supposé l'existence. L'hypothèse irritabilité est donc dénuée de fondement, puisqu'elle est infirmée par l'observation. Ce prétendu genre ne faisant qu'un avec les espèces qu'il était censé contenir, n'est qu'une vue de l'esprit inutile en face de la réalité connue (1). »

(1) Ch. Robin, *Cours d'anatomie générale de la Faculté de médecine* publié dans la *Revue des cours scientifiques*, année 1864, n° 49.

M. Robin ne s'est point borné à cette critique négative. En déterminant d'une manière précise le rôle des éléments anatomiques comme facteurs de l'activité vitale, il a complété l'œuvre de Bichat et de de Blainville, et fixé définitivement l'objet et les limites de la biologie. Plus logique que Henle et ses successeurs, qui tout en reconnaissant l'autonomie anatomique des éléments, confondent incessamment leurs propriétés avec celles des tissus, M. Robin n'accorde à ces derniers qu'une influence secondaire dans les actes physiologiques. Pour lui, chaque espèce d'élément a des propriétés biologiques spéciales différentes des propriétés physiques et chimiques, quoique hiérarchiquement subordonnées à ces dernières. Ces propriétés sont immanentes aux éléments anatomiques, et ne doivent être rapportées qu'à eux seuls. L'activité physiologique des tissus, à tort confondue avec celle des éléments, est absolument indépendante de la texture : elle dépend uniquement du nombre et de la nature des éléments qui en font partie. Un muscle n'est point une masse homogène contractile par elle-même. On y trouve des vaisseaux, des nerfs, du tissu lamineux, et comme élément fondamental, des fibres cellules ou des fibrilles de la vie animale, dont l'action synergique a pour résultante la contraction. On en peut dire autant des fonctions du système nerveux, dont le rôle physiologique est déterminé immédiatement par les propriétés des tubes nerveux et des cellules cérébro-spinales.

Cette synergie élémentaire des tissus disparaît souvent dans les fièvres graves à forme dite ataxique. L'innervation et la contractilité acquièrent alors une excitabilité exceptionnelle; et, chaque faisceau musculaire primitif répondant isolément aux excitations extérieures, on peut produire à volonté des contractions partielles dans les muscles de la vie animale. Ces contractions fibrillaires se montrent surtout dans la fièvre typhoïde. Il suffit pour les provoquer d'exercer une pression un peu forte sur un point quelconque du muscle à travers les téguments. En promenant ensuite la pulpe du doigt sur la partie ainsi excitée, on sent un petit cordon rigide, dont le relief, d'abord très-accentué, disparaît peu à peu, comme les vibrations d'une corde abandonnée à elle-même. Ce fait prouve avec la plus grande netteté, que la contraction totale du muscle n'est que la résultante des contractions partielles de chacune des fibrilles qui le composent.

Les tissus ne sauraient donc être considérés comme la source première de l'activité vitale. Ils participent, il est vrai, aux propriétés d'ordre organique ou vital, inhérentes aux éléments qui les composent. Mais par eux-mêmes ils n'ont que des propriétés physiques et chimiques que l'on désigne habituellement sous le nom de *propriétés de tissu* et qui ne sont autre chose que le mode d'activité spécial à chaque tissu. On les rencontre également ment dans les éléments anatomiques, mais beaucoup moins accentuées que dans les tissus. Ces propriétés, communes à la matière brute et à la matière organisée, sont : 1° la ténacité et la consistance, qui sont plus ou moins grandes suivant l'espèce que l'on considère ; 2° la rétractilité ; 3° l'extensibilité ; 4° l'élasticité ; 5° l'hygrométricité ; 6° le pouvoir dialyseur ; 7° la propriété d'ordre chimique de se combiner ou de se décomposer au contact de tel ou tel agent chimique.

L'élasticité et la rétractilité sont surtout très-prononcées dans les fibres et dans le tissu élastique, dans le myolemme et dans le périnèvre. La fibre musculaire, très-peu élastique par elle-même, le devient grâce au myolemme qui entoure les faisceaux striés primitifs. C'est à la présence du tissu élastique dans les aréoles du derme que la peau doit sa souplesse et son extensibilité. De là la facilité avec laquelle elle revient sur elle-même après s'être laissée distendre par l'inflammation. Le tissu lamineux et le tissu fibreux sont beaucoup moins élastiques. Mais le défaut d'élasticité est corrigé dans le premier par la présence de quelques fibres élastiques et par les ondulations des fibres lamineuses. Ces particularités rendent le tissu cellulaire très-extensible et assez rétractile pour permettre aux organes de reprendre leur forme primitive après la cicatrisation des abcès. Il n'en est pas de même du tissu fibreux. De là les douleurs intolérables produites par les phlegmons intra- ou sous-aponévrotiques, et la gravité exceptionnelle de ces affections. Le pronostic de l'orchite, si grave relativement à celui de l'épididymite, et les horribles douleurs qui l'accompagnent, tiennent précisément à la disposition anatomique du testicule, qui, étranglé par sa tunique fibreuse, ne peut se laisser distendre au gré de l'inflammation.

Dans ce cas, on est obligé, pour rendre le repos au malade et l'arracher à une mort presque certaine, de faire la ponction de la tunique albuginée, laquelle entraine constamment l'atrophie du testicule.

L'hygrométricité et le pouvoir dialyseur tiennent sous leur dépendance, l'absorption et l'exhalation. Elles ont, par là même, une importance capitale; car la nutrition, qui est la propriété fondamentale de la matière organisée, serait absolument impossible si les matériaux assimilables, et les produits de désassimilation ne traversaient incessamment les parois des vaisseaux et des éléments anatomiques pour être incorporés à l'organisme ou rejetés au dehors. Nous n'insisterons pas davantage sur les propriétés physiques ou chimiques de la matière organisée. Il en a déjà été question à propos des principes immédiats. Du reste, ces propriétés, bien qu'elles soient indispensables à la vie, ne sauraient en aucune façon caractériser l'être vivant. Les propriétés vitales proprement dites, celles qui distinguent la matière organisée et n'appartiennent qu'à elle seule, sont au nombre de cinq. Ce sont la nutrition, le développement, la reproduction, la contractilité et l'innervation.

I. — DE LA NUTRITION.

Toute substance organisée amorphe ou figurée, végétale ou animale placée dans des conditions de milieu en rapport avec sa constitution immédiate et moléculaire, présente continûment et sans se détruire, un double mouvement de combinaison et de décombinaison simultanés d'où résulte sa rénovation moléculaire. Cet acte a reçu le nom de *nutrition* (Robin). C'est la moins dépendante et la plus générale de toutes les qualités élémentaires inhérentes à la matière organisée. Tous les éléments anatomiques la possèdent à des degrés divers. Il en est même qui n'en ont pas d'autres. On peut donc dire que tout corps qui se nourrit est par là même vivant; mais il ne l'est qu'à ce prix.

Pour les parties directement actives en nous, c'est-à-dire pour les éléments anatomiques, le milieu où s'accomplit cet acte est le plasma sanguin, véritable milieu intérieur dans lequel les éléments anatomiques, ces *facteurs individuels* des phénomènes complexes de l'économie, prennent les principes immédiats en rapport avec leur constitution moléculaire, et rejettent ceux dont la présence tend à changer ce rapport. En un mot, chaque élément anatomique se comporte à l'égard du sang comme l'organisme entier par rapport aux milieux ambiants où il puise ses aliments et où il rejette ses excrétions.

La nutrition offre, comme on le voit, deux phénomènes distincts, mais s'opérant simultanément. Chacun d'eux considéré isolément, c'est-à-dire d'une manière abstraite, peut être envisagé comme un phénomène chimique. Mais leur simultanéité est un fait d'ordre organique. Le premier a reçu le nom d'*assimilation*, l'autre celui de *désassimilation*. Ces deux actes sont d'ailleurs sous la dépendance directe des propriétés physiques et chimiques inhérentes aux principes immédiats et aux éléments de l'organisme ; et ils ont pour condition d'existence le rapport constant de ce même organisme avec les milieux cosmiques, source commune de la nourriture des plantes et des animaux. Par l'assimilation, les principes immédiats puisés dans le règne organique deviennent semblables aux principes de même ordre normalement contenus dans l'être vivant et s'y incorporent de façon à constituer les éléments et les humeurs. Au contraire, par la désassimilation, la substance des humeurs et des éléments anatomiques se dissocie et sort de l'organisme dans un état nouveau déjà très-différent de la matière organisée et tout à fait analogue, sinon absolument semblable, aux substances minérales.

Ces deux phénomènes se succèdent sans interruption chez tous les êtres vivants ; mais ils ne se produisent pas directement. Les aliments solides, pour être assimilés, doivent d'abord être dissous et subir une ou plusieurs transformations isomériques qui les rendent susceptibles d'être *absorbés*. C'est cette préparation des principes immédiats alimentaires que l'on désigne sous le nom de *digestion*. Chez les animaux supérieurs, la digestion a lieu dans l'estomac et dans l'intestin grêle. Les principes azotés tels que l'albumine, la fibrine, la glutine, la légumine, se dissolvent dans l'estomac sous l'influence des acides lactique et chlorhydrique et d'un ferment particulier, la pepsine, contenus dans le suc gastrique. L'eau et les liquides aqueux, les liqueurs alcooliques et aromatiques telles que le vin, le thé, le café, prises modérément, jouent aussi un grand rôle dans la digestion, soit

comme délayants des aliments ou comme excitants de la sécrétion gastrique. Mais l'ingestion d'une grande quantité d'eau est
plus nuisible qu'utile; car le suc gastrique, trop étendu, cesse
d'agir, et il doit être sécrété en proportions exagérées pour manifester ses propriétés. De là les *pesanteurs* d'estomac et la lenteur
des digestions chez les individus qui abusent des boissons
aqueuses.

Les liquides aromatiques et alcooliques pris en excès sont
encore plus funestes; car ils provoquent une véritable hy-
pérémie de la muqueuse gastro-intestinale, laquelle empêche la
sécrétion du suc gastrique et amène l'indigestion. On sait, du
reste, que l'alcool affaibli mis en présence des matières animales
à une température de 15 à 30 degrés, subit en partie la fermen-
tation acétique. De là un surcroît d'irritation et une acescence
très-désagréable qui caractérise les éructations et les produits
du vomissement après l'ingestion des boissons spiritueuses. La
gastro-entérite chronique des buveurs a précisément pour cause
l'irritation locale occasionnée par l'alcool. Ces liquides sont
d'ailleurs très-rapidement absorbés par les capillaires veineux
de l'estomac. Ils agissent alors sur les centres nerveux, et produisent le phénomène de l'ivresse. Le vomissement est souvent
consécutif à cette absorption. Dans ce cas, il n'est point dû à
une irritation locale, mais à l'excitation anormale exercée par
l'alcool sur les fibres d'origine du pneumogastrique et du nerf
phrénique. L'excitation exagérée du pneumogastrique paralyse
les fonctions de l'estomac, tandis que le nerf phrénique surexcité
provoque les contractions du diaphragme. Dans ces conditions,
le vomissement doit nécessairement se produire; car l'estomac
ne sécrète plus de suc gastrique, et ses fibres paralysées ne peuvent plus réagir contre les contractions du diaphragme, qui le
compriment jusqu'à ce qu'il soit débarrassé de son contenu.

Les matières féculentes et sucrées ainsi que les corps gras
sont absorbés dans le duodénum et dans l'iléon. Les premières
se transforment d'abord en dextrine, puis en glycose sous l'influence de la diastase salivaire et du ferment pancréatique. Les
corps gras ne subissent point de transformation isomérique. Leur
état physique est seul modifié. Émulsionnés par la bile et par le
suc pancréatique, ils sont absorbés par les chylifères du duodé-

num et de l'iléon. Quant au résidu alimentaire, il s'échappe par le jéjunum, l'iléon et le gros intestin, à la faveur de la bile et du suc intestinal, qui facilitent son trajet en lubrifiant les parois de l'intestin. Les contractions vermiculaires de cet organe suffisent dès lors pour amener le bol fécal jusque dans le rectum, qui l'expulse au dehors.

Le mécanisme de l'absorption est des plus simples. Les matières minérales ou autres dissoutes ou modifiées isomériquement dans l'estomac et dans l'intestin possèdent, à un très-haut degré, le pouvoir endosmotique, tandis que les liquides contenus dans les capillaires veineux et lymphatiques sont doués du pouvoir inverse. Il en résulte un double courant d'osmose et d'exosmose, qui a lieu incessamment de l'estomac et de l'intestin vers les capillaires, et de ceux-ci vers le tube digestif. Il s'opère là une véritable dialyse, favorisée, d'une part, par la différence de composition des liquides en présence, et, d'autre part, par les propriétés physiques des parois capillaires, qui représentent la membrane du dialyseur.

Le même phénomène se reproduit dans les vésicules pulmonaires entre l'oxygène qui arrive par les ramifications bronchiques, et l'acide carbonique qui s'échappe des capillaires de l'artère pulmonaire. Mais ici le phénomène est déjà un peu plus complexe, tandis que l'acide carbonique, traversant les parois capillaires de l'artère pulmonaire et la vésicule pulmonaire elle-même, pénètre dans les bronches, l'oxygène parcourt la même voie en sens inverse; mais, au lieu de se diriger vers le cœur droit, il est naturellement entraîné dans le cœur gauche par la direction centripète du courant sanguin. Il pénètre ainsi dans les capillaires de la veine pulmonaire, qui s'abouchent avec ceux de l'artère du même nom, et arrive dans le ventricule gauche. Durant ce trajet, presque inappréciable à cause de son excessive rapidité, il se combine à l'hématosine des globules, et reconstitue le sang rouge. On voit par là que la respiration n'est qu'un cas particulier de la nutrition.

L'absorption par la peau se produit de la même façon, du milieu ambiant vers les capillaires et de ces derniers vers l'atmosphère. Mais dans ce cas l'exhalation est toujours supérieure à l'absorption, surtout en été, où l'air est sec et le système capillaire exceptionnellement gonflé par la diminution de la pression atmosphérique. Du reste, l'exhalation directe par les capillaires du derme est à peine sensible. Elle a surtout lieu par les glandes sudoripares, qui sont des organes de désassimilation chargés d'éliminer certains principes de la seconde classe, tels que l'acide butyrique, l'acide caproïque et quelques sels de soude et de potasse. La sueur est généralement acide, sauf à l'aisselle, dans l'aîne et dans l'interstice des orteils, où elle est constamment alcaline.

Les muqueuses palpébrale et oculaire, la muqueuse buccale, celles de la vessie et du vagin sont aussi le siége de l'absorption et de l'exhalation. Les appareils sécréteurs jouent également un rôle important dans la nutrition. Les uns, tels que le testicule, l'ovaire, la mamelle, la glande vulvo-vaginale, les vésicules séminales, la prostate, les glandes de Méry ou de Cooper, les glandes de Littre, etc., ont une importance capitale au point de vue de la propagation de l'espèce. Tous ces organes sont des appareils sécréteurs proprement dits. Par l'intermédiaire de leurs capillaires, ils empruntent au sang les principes immédiats qu'ils transforment ensuite en produits de sécrétion destinés à être utilisés dans les actes complexes qui constituent les fonctions de reproduction.

D'autres glandes, telles que les glandes salivaires, le foie, le pancréas, les follicules gastriques, le rein, etc., fournissent des humeurs excrémentitielles (urine) ou excrémento-récrémentitielles (bile, salive, suc pancréatique, suc gastrique). Ces humeurs enlèvent au sang des produits de désassimilation devenus inutiles, telles que l'urée, les urates, etc., ou bien ils lui empruntent les matériaux nécessaires à la production des ferments, dont nous avons déjà signalé le rôle dans les phénomènes préparatoires de l'absorption.

Pour bien comprendre le rôle des glandes dans la nutrition, il est nécessaire de donner la théorie générale des sécrétions. Prenons pour exemple une glande salivaire. Durant le repos de la glande, c'est-à-dire au moment où elle ne verse point de salive au déhors, l'épithélium qui tapisse ses acini se desquame. Les couches les plus superficielles, refoulées par les couches profondes sans cesse en voie de renouvellement, forment bientôt un résidu organique dans l'intérieur des acini. C'est ce résidu épithélial qui constitue le ferment salivaire ou ptyaline. Le principe chimique, l'agent catalytique, qui doit provoquer les transformations isomériques, est donc créé par la glande elle-même, par le seul fait de la nutrition des acini. Mais là ne se borne point le phénomène. Le ferment une fois formé, il s'agit de l'expulser de la glande pour le mettre en rapport avec les substances qu'il doit modifier par sa présence. Ici intervient le rôle du système nerveux.

Pendant le repos de la fonction, les capillaires ne sont point distendus. Mais, au moment de la sécrétion, quand le produit de la glande est expulsé par son canal excréteur, le grand sympathique cesse son action tonique sur les fibres musculaires des artérioles. Dès lors, le fluide sanguin ne trouvant plus de résistance, est projeté en plus grande quantité dans ces vaisseaux et, par suite, dans les capillaires. Le mouvement nutritif, d'abord assez lent, augmente tout à coup, et le plasma sanguin s'épanche abondamment et avec une rapidité exceptionnelle autour des culs-de-sac glandulaires, qu'il traverse à leur tour, refoulant devant lui les produits épithéliaux dont ils sont remplis. Ainsi s'opère l'acte sécréteur proprement dit, lequel est dû, en dernière analyse, à une suractivité momentanée dans la nutrition de la glande. La sécrétion en elle-même est donc un acte désassimilateur, mais, par les phénomènes ultérieurs qu'elle provoque, elle contribue puissamment à l'assimilation. Voilà pourquoi on désigne le produit des glandes salivaires et leurs congénères sous le nom d'*humeurs excrémento-récrémentitielles*.

Les principes immédiats recueillis et préparés par les voies et moyens que nous venons d'énumérer, pénètrent dans le sang, où ils subissent des transformations nouvelles. Puis ils sont projetés dans les capillaires artériels par le ventricule gauche du cœur. Dès lors, le lieu de la scène change; ce n'est plus de l'atmosphère et du tube digestif que proviennent les matériaux assimilables, mais du sang lui-même. Le courant endosmo-exosmotique a lieu des capillaires artériels vers les éléments anatomiques, et de ces derniers vers les capillaires veineux. Tous les éléments anatomiques, y compris les glandes, dont nous parlions tout à l'heure, s'assimilent ainsi sans interruption le fluide nourricier qui leur est apporté par les capillaires artériels, et ils rejettent incessamment, dans les capillaires veineux, le résidu de leur désassimilation. Cette nouvelle série de phénomènes a reçu le nom d'*absorption interstitielle*. C'est là l'acte fondamental de la nutrition, le seul qui ne puisse être interrompu sans entraîner la mort immédiate, absolue ou temporaire des éléments qui en sont le siége. Chez les animaux en état d'abstinence, la nutrition des éléments anatomiques continue, en effet, pendant un certain temps, aux dépens du plasma sanguin et des blastèmes interstitiels. Alors l'animal vit aux dépens de sa propre substance; mais, dès que sa réserve organique est consommée, il meurt.

La mort, dans ces conditions, arrive plus ou moins rapidement suivant les espèces animales et selon les conditions individuelles. « En moyenne, les animaux inanitiés périssent lorsque leur perte s'élève aux 0,4 de leur poids initial. Chez les animaux à sang chaud, la perte intégrale proportionnelle paraît tout à fait indépendante de la classe à laquelle un animal appartient, ainsi que du poids normal de son espèce. La perte moyenne pendant chaque jour est de 0,042 du poids initial du corps. L'obésité modifie jusqu'à un certain point la valeur de la perte intégrale proportionnelle. Ainsi la perte proportionnelle, qui, en moyenne, est de 0,4, peut, chez les animaux très-gras, s'élever jusqu'à 0,5. Le jeune âge, au contraire, peut la diminuer jusqu'à 0,2. » La nutrition, chez l'enfant, étant beaucoup plus intense que chez l'adulte, les progrès de l'inanition sont aussi plus rapides. « Chez les animaux à sang froid, la perte proportionnelle nécessaire pour donner la mort est très-sensiblement la même que chez les animaux à sang chaud ; seulement la perte diurne n'étant que du trentième de celle des animaux à sang chaud, la vie se prolonge trente fois davantage (1). »

La misère, les privations, les maladies diminuent considérablement la réserve organique, et, par suite, la résistance vitale. La mortalité augmente sensiblement dans les années de disette. Messance a remarqué que, de 1674 à 1764, le nombre des

____

(1) Longet, *Traité de physiologie*, t. I, p. 28.

décès a constamment suivi la progression ascendante ou descendante du prix du blé. Mélier n'est pas moins affirmatif. « La mortalité, dit-il, est soumise à l'influence du prix du blé. » Nous n'avons point à insister sur ces faits. Ils sont assez éloquents par eux-mêmes. Le bon sens et l'expérience avaient, d'ailleurs, constaté bien longtemps avant la science que l'aisance et le bien-être sont les premières conditions de la vie.

On a cherché à se rendre compte de la quantité de principes immédiats assimilés et rejetés par un animal durant l'acte de la nutrition. Les expériences pratiquées dans ce but par MM. Valentin, Barral, Boussingault, Bidder et Schmidt, etc., ont établi que le chiffre des *ingesta* est toujours sensiblement égal à celui des *excreta*. « On sait qu'un animal adulte, soumis à la ration d'entretien, ou un homme arrivé au terme de sa croissance et nourri avec une grande régularité, peut conserver le même poids moyen, et rendre dans les différents produits résultant de l'action organique (fèces, urine, sueur, exhalation pulmonaire, etc.) une quantité de matière précisément égale à celle qu'il reçoit par ses aliments. Pourtant il y a là *assimilation*, en ce sens que la partie nutritive des aliments se fixe dans l'organisme, en s'y modifiant, pour se substituer à celle que le mouvement d'assimilation expulse journellement (1). »

Cette déperdition varie avec l'âge, le sexe, la constitution, la taille, les habitudes, la profession, la saison, le climat. On ne peut donc établir que des moyennes générales pour le chiffre normal de l'assimilation. MM. Dumas et Lecanu ont calculé que l'homme perd en moyenne, dans les vingt-quatre heures, 32 grammes d'urée, soit 15 grammes d'azote par les voies urinaires. De son côté, M. Payen a remarqué que 5 grammes du même gaz étaient expulsés journellement par le poumon, la peau et le tube digestif. Dans les conditions ordinaires, l'homme perd donc 20 grammes d'azote dans les vingt-quatre heures. La quantité de carbone rendue dans ce même temps, soit par le poumon, à l'état d'acide carbonique, soit par les déjections liquides ou solides à l'état de carbonates alcalins, a été évaluée par le même chimiste à 310 grammes environ. Il en résulte

(1) Longet, *loc. cit.*, art. NUTRITION.

qu'un homme bien portant et adonné aux travaux manuels doit consommer dans les vingt-quatre heures 310 grammes de carbone, plus 130 grammes de substance azotée renfermant 20 grammes d'azote. En conséquence, M. Payen propose comme ration normale d'un adulte :

Pain....	1000 gr.,	contenant : subst. azotée..	70 gr.,	carb...	300 gr.
Viande..	286	— —	60,26	—	31,46
	1286 gr.		130,26 gr.		331,46 gr.

La théorie et la pratique sont d'accord sur ce point. La ration journalière du soldat concorde, en effet, très-sensiblement avec les chiffres établis théoriquement par M. Payen.

Mais une pareille évaluation est incomplète; car l'eau et l'oxygène ne figurent que pour une portion très-minime dans le tableau précédent. Une grande partie des sels nécessaires à l'alimentation y sont contenus implicitement; mais il s'en introduit encore quelques autres par les boissons. En jugeant de la recette par la dépense, on peut évaluer le chiffre de ces dernières à 1 litre et demi ou 1250 grammes environ, nombre qui correspond, à peu de chose près, à la quantité d'eau éliminée chaque jour par l'urine, par la sueur et par le poumon. Quant à la quantité d'oxygène absorbée pendant la respiration, elle varie avec l'énergie de la respiration, avec la capacité pulmonaire, la latitude, la température, etc. En moyenne, on admet que, chez l'adulte, la capacité du poumon est de 500 centimètres cubes ou un demi-litre. Or, comme il y a d'habitude dix-huit inspirations par minute, il en résulte que l'homme inspire environ 9 litres d'air par minute, soit 540 litres par heure, et 12 960 litres ou 13 mètres cubes par jour. Ces chiffres sont très-importants à connaître; car il faut toujours en tenir compte dans la construction des habitations. Le cubage des salles d'hôpitaux, des salles de spectacle, etc., doit être établi d'après les données précédentes. Une ventilation suffisante est, en outre, nécessaire pour augmenter la prise d'air et pour entretenir au dehors les produits de la combustion respiratoire.

Toutes choses égales d'ailleurs, l'ouvrier consomme davantage que l'homme qui se livre aux travaux de l'esprit. Car, chez ce dernier, la perte porte surtout sur le cerveau ; tandis que, chez le premier, l'exercice musculaire jouant toujours le principal rôle, la perte se trouve répartie sur un plus grand nombre d'éléments. Elle est donc plus considérable. Les individus qui s'abandonnent à l'oisiveté et à la mollesse sont ceux qui consomment le moins. Leur force musculaire et leur énergie morale sont aussi généralement moindres que celles de l'ouvrier et du penseur.

De la nutrition considérée dans les différents éléments de l'organisme. — La composition immédiate des éléments anatomiques variant d'une espèce à l'autre, chacun d'eux emprunte au blastème qui l'avoisine des principes différents en rapport avec sa propre composition. On comprend dès lors que l'activité de la nutrition doit varier avec la structure des éléments et le milieu où ils se trouvent ; car chaque espèce de principe immédiat a ses affinités propres, et la puissance de ces affinités varie avec le nombre et la qualité des principes qui sont en présence. Ce fait explique mieux que tout autre la grande activité de la nutrition dans les tissus vasculaires, lesquels sont imprégnés de fluides blastématiques sans cesse renouvelés par le courant sanguin. Il n'est pas un seul élément de l'organisme qui se trouve, à cet égard, dans de meilleures conditions que les hématies. Aussi le mouvement nutritif s'y opère-t-il toujours avec une très-grande rapidité. Pour s'en faire une idée, il suffit de se rappeler l'expérience de Bichat. Après avoir pratiqué la trachéotomie sur un chien, Bichat adaptait un tube muni d'un robinet à la trachée-artère. Puis il ouvrait l'artère fémorale et y adaptait également un tube à robinet. Quand les deux robinets étaient ouverts, l'air pénétrant directement dans les poumons, le sang sortait rutilant de l'artère. Mais, à peine le robinet trachéal était-il fermé et l'accès de l'air intercepté, qu'on voyait le sang perdre sa couleur vermeille et devenir complétement noir au bout de quelques secondes d'écoulement. Cette transformation presque instantanée de la totalité du sang artériel en sang veineux ne saurait s'expliquer autrement que par l'activité exceptionnelle de la nutrition des globules, qui assimilent l'oxygène et s'en débarrassent presque au même instant.

Cette intensité du mouvement nutritif dans les éléments figurés du sang est d'ailleurs rigoureusement nécessaire à l'accomplissement régulier des fonctions cérébro-spinales. Le globule hématosé est, en effet, l'excitant par excellence des éléments nerveux. Mais cette excitation extrêmement passagère doit être incessamment renouvelée pour être effective; les globules ne conservant leurs propriétés stimulantes qu'à la condition d'être constamment vivifiés par les échanges gazeux. D'autre part, le métabolisme des cellules nerveuses cessant, comme celui des électro-aimants, immédiatement après l'excitation, ces éléments ne sauraient fonctionner régulièrement et continûment si de nouveaux globules hématosés ne venaient incessamment modifier leur état moléculaire. De là la nécessité, pour ces derniers, de dépenser et de renouveler constamment leur provision d'oxygène.

Certains poisons, tels que l'oxyde de carbone, ne deviennent si rapidement mortels qu'en s'opposant à cette désoxygénation continue des globules sanguins. On a cru pendant longtemps que les animaux empoisonnés par ce gaz mouraient asphyxiés. Il n'en est rien; car à l'autopsie on trouve toujours du sang rouge et artérialisé dans les veines. Mais le gaz oxy-carbonique ayant pour effet de provoquer une combinaison stable entre l'oxygène et l'hématosine, la nutrition des globules est enrayée et ils deviennent impropres à l'excitation nerveuse. La mort, dans ce cas, est le résultat d'une syncope produite par l'arrêt des fonctions cérébrales (1). Les désordres nerveux qui accompagnent les grandes hémorrhagies, la chlorose, l'anémie, la dyspepsie, etc., proviennent aussi d'un défaut d'excitation dû à une diminution notable dans la proportion des globules ou au trouble plus ou moins profond des fonctions hématopoétiques.

L'épiderme et les épithéliums, quoique dépourvus de vaisseaux, se nourrissent aussi avec une grande activité. Chez eux, la nutrition s'opère aux dépens du plasma exhalé par les capillaires du derme, dont le réseau vasculaire est toujours très-développé. Ces éléments sont en voie de rénovation continuelle.

(1) Voir Cl. Bernard, *Leçons sur les substances toxiques et médicamenteuses.* Paris, J. B. Baillière, in-8°.

Le plasma exhalé à la surface du derme cutané et muqueux s'organise d'abord sous forme de cellules sphériques. Puis ces cellules deviennent polygonales et s'aplatissent à mesure qu'elles sont refoulées vers les parties superficielles. « Tandis que les cellules profondes des épithéliums sont solubles dans l'acide acétique, il est curieux de voir, dit M. Robin, que les cellules superficielles deviennent insolubles dans cet acide et prennent une consistance cornée. » Les poils et les ongles se nourrissent d'une manière analogue. Le bulbe pileux, implanté dans le derme et médiatement mis en rapport avec les papilles vasculaires, fournit les matériaux nutritifs à la substance corticale et à la substance médullaire. Les cellules nouvellement formées repoussent les anciennes et prennent leur place. Il en est de même des ongles qui se nourrissent aux dépens du derme sous-jacent. Leur accroissement en longueur se fait d'arrière en avant par l'intermédiaire de la racine ou matrice de l'ongle. Tous ces éléments procèdent des matières albuminoïdes du sang par une métamorphose encore peu connue. Leur rénovation continue et leur inaltérabilité en font un moyen de protection très-efficace pour les organes délicats placés au-dessous d'eux. C'est ainsi que les papilles nerveuses et vasculaires sont garanties du contact de l'air et des substances irritantes immédiatement en rapport avec la peau et les membranes muqueuses.

Les cartilages et la plupart des éléments purement végétatifs se nourrissent également aux dépens du plasma fourni par les vaisseaux environnants. Il n'en est pas tout à fait de même du tissu osseux, dont les éléments, arrosés par le sang contenu dans les canalicules de Havers, lui empruntent directement les matériaux assimilables. Duhamel et après lui, M. Flourens, ayant nourri de jeunes animaux avec la garance, avaient remarqué que leurs os se colorent en rouge, et que cette coloration, bornée d'abord à la couche sous-périostique, s'étendait peu à peu aux couches internes et à la moelle elle-même. Ces expériences furent interprétées de deux façons. Quelques physiologistes pensèrent, avec Gibson, que la garance, ayant plus d'affinité pour le sérum que pour le phosphate de chaux, ne pouvait s'unir directement aux particules osseuses, mais se déposait simplement dans leurs interstices, comme sur les mailles d'un filtre. D'autres admirent, au contraire, qu'elle se combinait directement aux éléments de l'os. Cette dernière opinion fut soutenue par Duhamel et par M. Flourens; ils en conclurent fort naturellement que le tissu osseux se renouvelle très-rapidement et que le périoste joue le principal, sinon l'unique rôle dans cette rénovation.

Mais, en répétant les expériences précédentes sur des animaux d'âges différents, M. Vulpian a constaté que les faits observés sur les animaux en voie de développement ne se reproduisent plus lorsque ces derniers ont atteint l'âge adulte. Chez les animaux complétement développés, les os gardent presque indéfiniment l'empreinte de la garance, et ils ne recouvrent jamais complétement leur coloration normale. Duhamel et M. Flourens s'étaient donc trompés en attribuant à la nutrition ce qui est le fait du développement. Leur conclusion, basée sur des faits exceptionnels, est par là même sans fondement. On peut donc conclure, avec M. Vulpian, et contrairement à l'opinion de ses prédécesseurs, que la nutrition, loin d'être très-active, est, au contraire, à peine sensible dans le tissu osseux (1).

(1) Le rôle du périoste dans la nutrition des os a été aussi fort exagéré. Il y contribue sans doute pour une très-grande part. Mais c'est surtout, comme l'a très-bien dit Muller, à cause de sa grande vascularité. On sait, en effet, que tous les tissus vasculaires qui environnent le tissu osseux peuvent participer et participent, en réalité, à sa régénération. Dans les fractures en voie de consolidation, il y a d'abord épanchement de sérosité rougeâtre dans le tissu cellulaire sous-cutané, et épanchement de sang dans les muscles voisins de la partie fracturée. Plus tard, le tissu cellulaire se gonfle, les muscles s'agglutinent entre eux et avec le périoste. L'épanchement sanguin, qui avait eu lieu simultanément dans la moelle, se résorbe peu à peu en laissant à sa place un tissu fibroïde blanchâtre analogue au périoste. L'os se trouve ainsi emprisonné dans un manchon protecteur qui favorise la consolidation et au sein duquel se développeront bientôt les éléments du nouvel os. Ce cal fibro-cartilagineux disparaîtra ensuite pour faire place au cal osseux, qui se formera par voie de substitution aux dépens du cartilage préexistant. Le périoste n'est donc pas l'agent exclusif de l'ossification. Le tissu osseux peut même, dans certains cas, être reproduit artificiellement sans son intervention. C'est ce qui ressort des expériences récentes de M. Goujon, élève distingué de M. Robin, qui a obtenu des dépôts osseux en transportant la moelle dans le tissu cellulaire sous-cutané d'un chien. Les belles expériences de M. Bert, sur la greffe animale, prouvent que la plupart des tissus de l'économie peuvent ainsi se régénérer directement lorsqu'ils sont mis au contact de tissus vasculaires capables de leur fournir des matériaux assimilables.

Cette tendance à la restauration est une des manifestations les plus générales de

La stabilité anatomique du tissu osseux est d'ailleurs en parfait accord avec sa composition immédiate. On sait, en effet, que les principes minéraux, en majorité dans les os, sont beaucoup plus stables chimiquement que les principes coagulables qui dominent dans les autres tissus.

Les éléments nerveux et musculaires, très-riches en principes de la seconde et de la troisième classe, auraient, il est vrai, suivant la plupart des physiologistes, une capacité nutritive plus faible encore que celle du tissu osseux. Mais cette opinion, basée uniquement sur les difficultés qu'on éprouve à provoquer la régénération des muscles et des nerfs, nous paraît fort contestable. Nutrition et régénération ou reproduction sont, en effet, deux phénomènes fort différents l'un de l'autre; et, si le premier est toujours la condition indispensable du second, il ne s'ensuit nullement qu'ils existent toujours simultanément. Un élément une fois formé, peut parfaitement se nourrir sans se

l'activité vitale. On l'observe à la fois chez les animaux et chez les végétaux, mais chez ces derniers surtout. Elle est aussi très-remarquable chez les animaux inférieurs, qui peuvent perdre un membre tout entier et le recouvrer ensuite. On sait avec quelle facilité se régénère la queue des lézards. Les pattes, les yeux et même la tête des salamandres peuvent repousser après avoir été coupés et définitivement séparés du reste du corps. Ces phénomènes, qui étonnent au premier abord, ont été attribués par les vitalistes à un je ne sais quoi qu'ils ont appelé *nature médicatrice*, *forces radicales*, dont ils ont fait la providence de l'organisme. Ce sont là des mots vides de sens. La destruction et la régénération des éléments sont les conditions mêmes de la vie. La nutrition consiste, en effet, dans une destruction et une restauration incessante de la matière vivante. « Toute fonction est destructrice de ses instruments. » On ne peut pas se mouvoir sans que les muscles et les os se détruisent. On ne peut pas penser sans consommer de la matière cérébrale. Toutes les sécrétions s'accompagnent d'une destruction corrélative des éléments glandulaires. La lactation ne pourrait s'accomplir sans la destruction des cellules épithéliales des canaux galactophores. Mais si cette destruction incessante des éléments n'est pas suivie d'une restauration immédiate, la fonction s'arrête, la vie s'éteint. Voilà, dit M. Vulpian, comment il faut entendre la tendance à la restauration. Elle n'est pas particulière à la cicatrisation. Elle est absolument générale et toujours fatale, car elle dérive de la nature même des éléments. On peut enlever un nerf tout entier. Les bouts s'altéreront, tandis que le nerf lui-même se régénérera peu à peu et reprendra ses propriétés. Mais celles-ci ne serviront à rien, car il n'y aura plus de communication entre l'organe ainsi reproduit et le centre nerveux.

Que font la nature médicatrice et la force vitale dans la reproduction artificielle des tissus à l'aide de la greffe animale ? Rien, absolument rien. Cette reproduction dépend uniquement du mode d'activité de chaque élément. Loin d'être intentionnelle, provi-

reproduire. Par contre, il arrive souvent que des éléments dont la nutrition est normalement très-peu active, se reproduisent avec une très-grande facilité lorsqu'ils ont subi une perte de substance ou une atrophie accidentelles. C'est, comme nous le disions tout à l'heure, le cas du tissu osseux, qui, malgré la lenteur de sa rénovation moléculaire, se régénère très-rapidement après les fractures. Les conditions de la nutrition diffèrent donc essentiellement de celles de la reproduction.

La première, consistant uniquement dans le mouvement incessant des molécules organiques, sera nécessairement subordonnée à la mobilité chimique des principes immédiats qui entrent dans la composition des éléments anatomiques ; tandis que la seconde (genèse ou reproduction), qui est un produit de l'affinité moléculaire analogue à la cristallisation, sera favorisée comme elle, par la stabilité relative et le degré de concentration du blastème formateur. Il semble que l'évolution de l'être, comme la production de la pensée, exige la méditation et le recueillement. Les atomes organiques, pour se rapprocher et s'unir en

dentielle, comme le croient les vitalistes, cette tendance est aveugle, fatale, nécessaire, quel que soit le résultat qui doive être produit, qu'il soit utile ou qu'il soit nuisible à la plante ou à l'animal. A quoi bon la formation d'un os dans un muscle ? C'est inutile, même nuisible. Et pourtant cela arrive toutes les fois qu'on implante un lambeau de périoste ou un fragment de moelle dans le tissu musculaire. Certains animaux, tels que les planaires, peuvent être divisés en plusieurs fragments et chacun de ces fragments reproduire un animal tout entier. Dugès, qui a étudié avec soin ces animaux, rapporte l'expérience suivante. Il fendit l'animal en deux parties égales, sur une portion de son diamètre, sans les séparer complétement. Il arriva que ces deux moitiés, au lieu de se rapprocher pour se ressouder, s'écartèrent et, tout en restant fixées l'une à l'autre par leur pédicule commun, chacune d'elle reproduisit un animal complet. La planaire primitive fut ainsi transformée en un monstre à deux têtes, qui, tirant chacune de leur côté, rendaient la vie de l'animal presque impossible. Il vaut bien la peine de posséder un principe vital pour être si mal servi.

Est-ce la nature médicatrice qui fait pousser les membres d'un animal sur un autre animal, lorsqu'on transplante la queue d'un rat dans la peau d'un cabiais ? Est-ce le principe vital qui *préside* à la cicatrisation vicieuse des brûlures ?... Non. Les propriétés élémentaires sont aveugles. Si les éléments se régénèrent, ce n'est point qu'ils y soient excités par une force directrice, d'ailleurs purement imaginaire, mais simplement en vertu de leur structure et de leurs propriétés spécifiques. De même qu'un germe tend à reproduire les traits de l'animal ou de la plante qui l'a produit, de même les éléments anatomiques tendent à régénérer le type auquel ils appartiennent. Les phénomènes de la vie organique se passent aussi fatalement que ceux de la vie minérale. Il suffit pour cela que les conditions de leur production soient réalisées n'importe par quel procédé, naturel ou artificiel, prémédité ou fortuit.

une combinaison nouvelle, ont besoin de rester quelque temps en présence l'un de l'autre, afin de mettre en jeu leurs affinités réciproques, et de concentrer leurs efforts en vue de leur prochain conflit. Voilà pourquoi le sang, qui est toujours en mouvement et en voie de transformation continue, est beaucoup plus favorable à la nutrition qu'à la reproduction des tissus. Pour qu'un tissu se reproduise par son intermédiaire, il faut qu'il y ait préalablement un épanchement de lymphe plastique, un arrêt momentané ou tout au moins un ralentissement de la circulation, dans la partie qui est le siége de l'atrophie ou de la perte de substance.

Ces conditions sont facilement réalisées dans les dermes sous-cutané et sous-muqueux, abondamment pourvus de capillaires et recouverts l'un et l'autre d'une couche blastématique, relativement stable, le corps muqueux de Malpighi. Mais elles sont toujours plus difficiles à reproduire dans les tissus nerveux et musculaire, dont la structure plus dense est moins favorable au séjour des blastèmes reproducteurs. Le peu de concentration du sang, obligé de fournir des matériaux à tous les éléments de l'organisme ; la rapidité de la circulation, qui dissémine partout les matériaux organisables et les empêche de se fixer en quantité suffisante dans un espace déterminé ; la rétractilité du névrilème et des fibres musculaires ; telles sont, à notre avis, les principales causes qui retardent la cicatrisation et la régénération des deux éléments les plus perfectionnés de l'économie. Cette perfection même est encore un obstacle ; car elle exige des blastèmes extrêmement complexes, qui se forment naturellement chez l'embryon après la liquéfaction des cellules embryonnaires, mais qu'il est toujours difficile d'obtenir chez l'adulte, à cause du peu de concentration du fluide sanguin, et de la rapidité du courant circulatoire. Aussi, toutes choses égales d'ailleurs, les éléments purement végétatifs se reproduisent toujours plus facilement que les éléments doués des propriétés animales.

Chez les végétaux et chez les animaux inférieurs, la nutrition est en quelque sorte souveraine, et absolument indépendante des autres propriétés élémentaires. Parfois même elle existe seule ; car le développement est une propriété transitoire spéciale au jeune âge, et aux éléments en voie de régénération.

La reproduction est, de son côté, essentiellement intermittente et subit des temps d'arrêt plus ou moins longs, suivant les espèces animales et végétales. Quant à la contractilité et à l'innervation, on sait qu'elles n'existent point chez les plantes (sauf dans les spermatozoïdes des algues), que la première est tout à fait rudimentaire chez les infusoires, et que la dernière n'existe pas ou se manifeste d'une façon très-imparfaite chez les microzoaires et même chez les polypiers. La nutrition peut donc se suffire à elle-même, et se montrer en l'absence de toutes les autres propriétés de la substance organisée. Elle relève uniquement des propriétés physiques et chimiques inhérentes aux éléments anatomiques et aux principes immédiats actuellement contenus dans l'organisme ou sur le point de s'y introduire, grâce aux rapports multipliés et nécessaires de l'être vivant avec les milieux ambiants.

La nutrition n'a pas moins d'importance chez les animaux supérieurs. Chez eux, comme chez les plantes et les animaux inférieurs, son abolition entraîne la cessation immédiate de tous les actes organiques. Mais, par le fait même de la complexité des organismes élevés et de l'harmonie qui règne entre leurs divers éléments, la nutrition perd chez eux une partie de son autonomie. Encore prépondérante chez l'embryon, elle se trouve, à toutes les autres périodes de la vie, sous la dépendance indirecte du système nerveux moteur, qui est l'agent mécanique de la circulation et de l'hématose. C'est lui qui amène l'oxygène au contact des globules, en provoquant les mouvements respiratoires, et qui met en jeu l'admirable appareil d'hydraulique, constitué par le cœur et le système vasculaire. Il assure de la sorte les qualités vivifiantes du fluide nourricier, et le transporte dans toutes les parties de l'organisme au contact des éléments anatomiques, dont les propriétés d'ordres divers sont maintenues *in potentia* ou entrent en jeu sous son influence.

La nutrition persiste néanmoins quelque temps après la mort des éléments nerveux. Elle s'entretient alors aux dépens des liquides blastématiques, qui se trouvent dans l'intérieur et dans les interstices des éléments anatomiques. L'action du système nerveux étant purement mécanique, peut d'ailleurs être remplacée par l'intervention de l'art. C'est ce qui arrive quand on pratique la respiration artificielle à la suite de l'asphyxie ou de l'empoisonnement par le curare. Tant que la nutrition persiste, la vie n'a pas complétement disparu, mais, au moment même où elle s'arrête, la mort devient générale et définitive. Si l'assimilation et la désassimilation se faisaient toujours équilibre, il n'y aurait pas de raison pour assigner un terme à l'existence des éléments anatomiques et des individualités plus complexes qui résultent de leur aggrégation. Mais la vie éternelle n'est pas moins chimérique que le mouvement perpétuel, et pour les mêmes raisons. Chez les êtres organisés, comme dans les machines mues par les forces physiques et chimiques, il faut tenir compte des frottements, de la résistance des milieux et de toutes les causes accidentelles qui peuvent altérer la structure des éléments ou s'opposer indirectement à la libre manifestation de leurs propriétés.

Ces causes sont si nombreuses, que nous ne tenterons même pas de les énumérer ici. Nous en citerons seulement deux, qui nous paraissent d'une importance capitale. La première consiste dans la viciation des milieux physiques, laquelle entraîne toujours un trouble correspondant dans les milieux biologiques. La seconde résulte de l'antagonisme naturel des liquides et des fluides, antagonisme qui finit à la longue par rompre l'équilibre du mouvement nutritif. Cet équilibre une fois rompu définitivement, l'organisme s'altère chaque jour de plus en plus, et la vie va en s'affaiblissant jusqu'à ce qu'elle disparaisse complétement avec la propriété fondamentale des êtres organisés, la nutrition, qui apparaît la première et s'éteint la dernière, comme s'il appartenait à elle seule d'ouvrir et de fermer la scène de la vie.

<h3 style="text-align:center">II. — DU DÉVELOPPEMENT (1).</h3>

« Toute substance organisée, qui se nourrit, grandit, s'accroît dans les trois dimensions avec ou sans changements gradués de sa constitution moléculaire, et a une fin, mort ou décomposition (Robin). » Cet acte élémentaire, envisagé dans son ensemble, a reçu le nom de *développement*. Dans la nutrition, l'assimilation et la désassimilation se font équilibre. Dans le développement,

(1) Pour plus de détails, voir la *Physiologie* de MM. Béraud et Robin, Paris, Germer Baillière.

l'assimilation l'emporte sur la désassimilation. De là, l'accroisse-ment de l'animal ou de la plante. Très-actif chez l'embryon et chez l'enfant, il se ralentit chez l'adulte et chez le vieillard, où il n'a plus lieu que dans les éléments qui se régénèrent après avoir disparu momentanément de l'organisme.

Le développement suppose la nutrition, et ne pourrait exister sans elle ; mais il n'en est pas moins parfaitement distinct. Car il consiste essentiellement dans la fixation de molécules nou-velles ajoutées à celles qui existent déjà, tandis que la nutrition n'est qu'un échange pur et simple entre les principes immédiats assimilables, et ceux dont ils prennent la place.

Le développement des éléments anatomiques peut être enrayé dans sa marche ; ceux-ci peuvent s'écarter de leur type spé-cifique, s'accroître outre mesure ou décroître dans le même sens jusqu'à disparition complète, passer de l'état solide à l'état liquide et se métamorphoser de diverses façons. De là l'*arrêt de développement*, la *déformation*, l'*hypertrophie*, l'*atrophie*, la *métamorphose* et la *liquéfaction*, qui ne sont autre chose que des anomalies du développement.

L'*arrêt de développement* a lieu lorsque l'assimilation cesse de l'emporter sur la désassimilation. Il est physiologique lorsque l'élément a atteint la forme et le volume qui caractérisent son espèce ; il est tératologique ou anormal lorsque l'élément cesse de croître avant d'avoir parcouru toutes les phases de son évolution. Beaucoup de cellules végétales ou animales : les épi-théliums, les ovules, les fibres et des appareils tout entiers, chez le fœtus surtout, sont journellement exposés à ce genre d'accident. De là l'albinisme congénital, l'extrophie de la vessie, l'anencéphalie, le spina bifida, etc. Il arrive parfois que certaines espèces d'éléments manquent complétement ; ce n'est plus alors à un arrêt de développement qu'on a affaire, mais à une pertur-bation de la genèse élémentaire.

Il y a *déformation* toutes les fois qu'un élément se développe da-vantage sur un point que sur un autre et *vice versâ*. La déforma-tion est surtout le résultat de la texture. Les éléments, plus ou moins pressés les uns contre les autres, suivant le plus ou moins de densité du tissu auquel ils appartiennent, s'écartent peu à peu de leur forme originelle. Les fibres s'aplatissent ou s'effilent, les cellules et les tubes deviennent plus étroits, et perdent leur forme ronde ou cylindrique pour affecter la forme prismatique.

L'*hypertrophie* n'est autre chose que le développement exagéré des éléments anatomiques; l'*atrophie* est constituée par le phénomène inverse. On a regardé, pendant longtemps, l'atrophie et l'hypertrophie comme des lésions de nutrition. Cette erreur, fort naturelle d'ailleurs, puisque le développement se trouve sous la dépendance directe et immédiate du mouvement nutritif, a été commise par Laennec. Mais aujourd'hui que l'on considère le développement comme une propriété autonome, différente, quoique dépendante de la nutrition, l'opinion de Laennec, prise au pied de la lettre, n'a plus de raison d'être. Mais, si l'on veut en pénétrer le sens, on verra que ce grand observateur avait parfaitement raison dans le fond; car les aberrations du développement sont presque toujours causées par l'affaiblissement ou la suractivité du mouvement nutritif. L'hypertrophie diffère de l'hypergenèse en ce sens que la première indique une augmentation de volume dans les éléments déjà formés, tandis que la seconde consiste dans la naissance d'éléments nouveaux, qui s'ajoutent à ceux qui existaient déjà.

La *liquéfaction* des éléments anatomiques est un de leurs modes de mort ou terminaison. On l'observe à l'état normal chez l'embryon animal, dans les cellules embryonnaires, se liquéfiant pour donner naissance au blastème, où naîtront les éléments définitifs. Les éléments peuvent se liquéfier aussi chez l'adulte, et être résorbés lorsqu'ils sont passés à l'état liquide. C'est là le phénomène de l'*ulcération*.

Quant à la *métamorphose* des éléments, elle ne se montre, en réalité, que dans les végétaux qui, à l'origine, sont constitués uniquement par des cellules. Mais, à mesure que la plante se développe, ces cellules s'accroissent, les unes en tous sens, les autres en longueur surtout; ce sont ces dernières qui, en s'ajoutant bout à bout, par l'extrémité de leur grand diamètre, donnent naissance aux fibres, aux trachées et aux vaisseaux. Des métamorphoses du même genre portent quelquefois sur un organe tout entier. La plus remarquable de toutes et la plus anciennement connue est celle des étamines en pétales dans les fleurs doubles. Dupetit-Thouars a observé la transformation des étamines en pistil dans le pavot oriental. Le filament de l'étamine, par sa dilatation, était devenu ovaire, et le stigmate était probablement engendré par une transformation de l'anthère. Henri Cassini a vu, de son côté, l'ovaire et le style se transformer en tige dans les Synanthérées. Le même fait a été observé sur une rose monstrueuse par Du Trochet. Les écailles des cônes des conifères ne sont autre chose, suivant de Mirbel, que des feuilles transformées (1). Des faits semblables ou analogues s'observent souvent chez les végétaux. Ils sont, au contraire, extrêmement rares, si même il en existe, chez les animaux.

On voit tous les jours, dans le règne animal, des éléments se segmenter ou donner naissance, par bourgeonnement, à des éléments semblables à eux; mais c'est là un phénomène de genèse, non de développement. Du reste, ces éléments conservent toujours leur autonomie après leur naissance, et on ne les voit jamais se transformer les uns dans les autres comme les cellules et les organes des végétaux. Les tubes nerveux, les fibres musculaires, les fibres lamineuses, les vaisseaux, etc., naissent de toute pièce au sein du blastème, qui résulte de la liquéfaction des cellules embryonnaires; et non directement aux dépens de ces cellules, comme le croient les physiologistes de l'école allemande, et notamment MM. Kölliker et Virchow. Cette idée, soutenue autrefois par Schwann, fut admise par de Blainville. Mais les belles observations de M. Robin, sur la genèse et le dévelopement des nephelis, ont montré, depuis longtemps, que cette opinion, purement théorique, est absolument contraire aux faits. « L'expression de *métamorphose*, dit M. Robin, ne peut être employée sans erreur pour désigner les phénomènes qui se passent durant l'évolution des éléments anatomiques, à moins de changer le sens attribué jusqu'alors à ce mot. Il n'y a, dans cette évolution de chaque élément, que des âges sans transmutation *de specie in speciem*, comme on l'a cru à tort (2). » L'étude expérimentale de la genèse et du développement des éléments anatomiques n'a jamais apporté un seul fait à l'appui de l'opi-

<hr>

(1) Voir Du Trochet, *Mémoire sur les transformations végétales*, in *OEuvres complètes*. Paris, J. B. Baillière, 1837, t. II, p. 164.

(2) Ch. Robin, *Mémoire sur la génération des éléments anatomiques*, in *Journal d'anatomie et de physiologie*. Paris, Germer Baillière, t. I, p. 166.

nion formulée en ces termes par Virchow : « L'élément cellulaire (par exemple) peut, en se développant, devenir fibre nerveuse (1). » On peut en dire autant de tous les faits du même genre, admis, *à priori*, par les partisans exclusifs de la théorie cellulaire, et notamment de la prétendue *métamorphose régressive* des éléments anatomiques. Il n'y a pas plus de métamorphose régressive que de métamorphose progressive dans l'organisme animal. L'atrophie peut déformer les éléments, les anéantir ; non les transformer.

III. — DE LA NAISSANCE OU REPRODUCTION DES ÉLÉMENTS ANATOMIQUES (2).

Toute substance organisée, qui se nourrit et se développe, détermine, dans son voisinage, la *genèse*, *génération* ou *production*, molécule à molécule, d'une matière analogue ou semblable à elle, et peut même se reproduire directement quand elle est figurée (genèse par gemmation et par segmentation). Cet acte reçoit le nom de *genèse* ou de naissance lorsqu'il est considéré en lui-même, et ceux de *génération*, de *production* ou *reproduction* lorsqu'on envisage à la fois son résultat et la manière dont il s'est opéré (Ch. Robin).

1° *Reproduction*. — La reproduction est caractérisée par ce fait, que des éléments déjà formés donnent directement naissance à d'autres éléments, qui leur sont identiques ou à peu près, aux dépens de leur propre substance. Elle a lieu de trois manières : 1° par *segmentation* ou *fissiparité* ; 2° par *gemmation* ou *surculation* ; 3° par *propagules* ou *bourgeonnement*. Les éléments cellulaires sont les seuls qui naissent de cette façon. Il en est pourtant quelques-uns, tels que les *produits* chez l'adulte, qui se reproduisent d'une manière différente. Nous allons passer en revue ces divers modes de reproduction, en citant les exemples qui s'y rattachent.

Le vitellus de l'ovule animal, mâle et femelle, la cellule préembryonnaire (3) chez divers phanérogames, le contenu du

---

(1) Virchow, *Pathologie cellulaire*, trad. de Picard, p. 11.

(2) Voir, sur le même sujet, la *Physiologie* de MM. Robin et Béraud et surtout la thèse de M. Clémenceau.

(3) La *vésicule préembryonnaire* des végétaux est l'équivalent de la vésicule germinative chez les animaux. Le noyau contenu par le sac embryonnaire ou ovule vé-

sac embryonnaire de quelques végétaux, le contenu des ovules mâles des plantes ou anthéridies, et des vésicules mères polliniques présentent la *segmentation*.

Ce phénomène consiste en ce que le contenu granuleux des ovules, etc., se partage en deux, quatre, huit, etc., masses granuleuses, d'abord sans paroi, ayant ordinairement un noyau central. Bientôt il se forme une enveloppe autour d'elles. L'élément anatomique est alors formé. C'est ce qu'on appelle une cellule. Les cellules sont dites *primitives* ou *embryonnaires* parce que ce sont les premiers éléments de l'être vivant. Aussitôt après leur formation, l'*embryon* ou être nouveau a une existence distincte de celle de ses parents. Il existe comme organisme nouveau et non plus comme ovule.

Les cellules embryonnaires sont aussi appelées *cellules embryonnaires* parce qu'elles n'ont qu'une existence temporaire. Elles sont destinées à disparaître ou du moins à changer de caractères. Nous verrons tout à l'heure que ce sont elles qui fournissent, par voie de *substitution*, les éléments définitifs de l'être organisé. Il y a donc un moment où l'embryon est uniquement constitué par des éléments cellulaires. Ce fait, qui est général ou du moins considéré comme tel dans l'état actuel de la science, a servi de base à la *théorie cellulaire* ou *théorie de la métamorphose*, dont il a été question dans le paragraphe précédent. Mais, il suffit de réfléchir un instant au sens attaché à ces expressions pour se convaincre de leur inexactitude. Que prétendent, en effet, les partisans de la théorie cellulaire? Ils pensent que tous les éléments anatomiques procèdent *directement* les uns des autres par le fait même du développement. Or, il n'en est rien ; car les cellules embryonnaires, une fois formées, se liquéfient ; elles perdent leur caractère d'éléments figurés pour passer à l'état amorphe. Il est donc inexact de dire qu'elles se développent pour se transformer peu à peu en d'autres éléments.

gétal, disparaît avant la fécondation. Puis il se forme des noyaux libres ordinairement au nombre de trois. Ces noyaux s'entourent bientôt d'une pellicule fournie par le contenu amorphe du sac embryonnaire. D'autres cellules se forment de la même façon au sein du blastème intra-ovulaire. Mais celles qui dérivent du noyau primitif se placent toujours près du micropyle, et l'une d'elles devient le point de départ des cellules qui serviront plus tard à constituer l'embryon. De là le nom de *cellule* ou *vésicule embryonnaire* qui a été donné à cette dernière.

Mais, avant de se liquéfier, les cellules embryonnaires se multiplient par voie de segmentation. Ce phénomène a lieu à la fois chez l'embryon animal et dans le sac embryonnaire des plantes. Il se produit également sur les éléments cellulaires des végétaux adultes. Un sillon apparaît vers le milieu de la cellule qui se dédouble pour donner naissance à une cellule nouvelle.

Chez les végétaux en voie de développement, les cellules nouvelles adhèrent aux anciennes par la cloison intermédiaire. C'est cette particularité qui avait fait croire à de Mirbel que les végétaux étaient formés d'une substance continue dans toutes ses parties; « matière homogène, d'une seule pièce, au sein de laquelle de simples lacunes, tubuleuses ou cellulaires, séparées par des cloisons perforées pour le passage de la séve, constitueraient un appareil circulatoire (1). » Cette hypothèse fut renversée par les expériences de du Trochet, qui, en traitant les divers organes des végétaux par l'acide nitrique bouillant, parvint à isoler les uns des autres tous les éléments de la plante. La cloison intercellulaire, d'abord très-mince, s'épaissit peu à peu et se dédouble en deux feuillets qui s'adossent l'un à l'autre en circonscrivant une cavité centrale. La cellule nouvelle est alors définitivement formée. Le feuillet externe est constitué par de la cellulose pure et par quelques sels; tandis que le feuillet interne ou *utricule azotée* est l'analogue des cellules animales. Ces deux pàrois peuvent être séparées artificiellement à l'aide de l'acide nitrique ou des alcalis caustiques. C'est ainsi que du Trochet est parvenu à en démontrer l'existence.

Dans l'embryon animal, cette segmentation ou scission des cellules cesse dès que celui-ci est séparé du blastoderme. Elle n'a même lieu que dans cette membrane chez les mammifères. Dans le règne végétal, la scission par cloisonnement dure pendant tout l'accroissement, et s'observe, en outre, chaque année dans les poils, dans les couches d'accroissement, etc. Chez les mammifères adultes, on trouve de fréquents exemples de scission des cellules dans les cartilages articulaires dont les cavités s'a grandissent. Pendant cet accroissement, toutes les cellules qu'elles renferment grandissent aussi, et finalement elles se seg-

(1) Coste, *Éloge de du Trochet prononcé à l'Académie des sciences*, séance du 5 mars 1866.

mentent pour constituer des cellules nouvelles. Dans les tumeurs fibro-plastiques dites *à noyaux* et dans le cancer, les noyaux peuvent également se segmenter. De sorte qu'un seul noyau en fournit quelquefois trois ou quatre et même plus.

On réserve plus spécialement le nom de *fissiparité, scissiparité, scission* ou *cloisonnement* au phénomène dont nous venons de parler, et de *segmentation, sillonnement* et *fractionnement* au cas du vitellus. Mais au fond ce ne sont que des cas particuliers d'un même phénomène. Les spermatozoïdes et les grains de pollen se produisent par la segmentation progressive ou simultanée du vitellus, de l'ovule mâle, comme les cellules embryonnaires. Mais ces éléments restent isolés, ne se réunissent pas en blastoderme et, une fois nés, ne continuent pas à se multiplier à leur tour par cloisonnement.

Un très-grand nombre d'infusoires, tels que les paramécies, les vorticelles, les kolpodes, le *Chilodon cucullulus*, etc., subissent le phénomène de la segmentation. Chez ces animaux, comme chez les mammifères, les oiseaux, les reptiles, etc., c'est le vitellus fécondé qui est le point de départ de la segmentation. Mais là se borne la similitude. Au lieu de se juxtaposer pour constituer le blastoderme, ainsi qu'il arrive chez les animaux supérieurs, les cellules embryonnaires s'isolent immédiatement après la segmentation du vitellus et chacune d'elles forme un animal complet ; lequel possède une bouche pourvue de cils vibratiles, un tube digestif et des organes sexuels parfaitement distincts. Ces organes ont été étudiés et décrits avec le plus grand soin par M. Balbiani (1).

Le même phénomène s'observe sur un certain nombre d'acalèphes du genre méduse. Ici, comme précédemment, le vitellus en se segmentant, donne naissance à des jeunes de forme ovale ou cylindrique. Ceux-ci sont pourvus de cils vibratiles et demeurent, pendant un certain temps, dans les tentacules marginaux qui entourent la bouche de leur mère. Puis ils s'en détachent et se fixent, par une de leurs extrémités ou pédicule, à un corps étranger qui leur sert de support. Dans cet état, ils peuvent se propager par gemmation ou bourgeonnement à la façon des

---

(1) Voir les *Comptes rendus de l'Académie des sciences,* de 1863 à 1865.

polypes. Ces bourgeons ou larves ne tardent pas à se détacher du tronc maternel. Chacun d'eux se divise alors spontanément en une foule de segments transversaux qui demeurent unis les uns aux autres et emboîtés comme des cupules superposées. Enfin, les segments se séparent et s'individualisent à leur tour pour reproduire l'animal complet.

De pareils faits se montrent également chez d'autres animaux, tels que les biphores, plusieurs espèces de vers, etc. C'est là une véritable métamorphose analogue à celle des larves des batraciens. La race se compose d'une succession d'individus qui ont chacune leur mode de reproduction. Les premiers membres de la série sont fournis par la segmentation du vitellus et l'individualisation des cellules embryonnaires. Ces dernières constituent alors les animaux véritables qui fournissent par bourgeonnement une seconde génération d'individus isolés ; lesquels, en se segmentant, reproduisent la souche primitive. L'animal est dès lors pourvu d'organes sexuels. L'ovulation et la fécondation peuvent avoir lieu, et les phénomènes précédemment décrits se montrent de nouveau dans le même ordre. (1).

La reproduction par *gemmation* ou *surculation* est caractérisée par la formation d'une hernie ou cul-de-sac sur un point de la cellule. Ce cul-de-sac communique d'abord avec la cellule mère; mais il en est bientôt séparé par une cloison qui se forme au niveau de son point d'insertion. La plupart des algues sont

(1) Ce mode d'évolution a été aussi désigné sous le nom de *métagenèse* ou *génération alternante* (R. Owen). R. Owen avait d'abord employé le mot *parthénogenèse* (Παρθένος, vierge), qui désigne, à proprement parler, non la métagenèse, mais l'évolution d'êtres intermédiaires qui se reproduisent sans l'intervention des sexes. C'est ce qui a lieu pour les pucerons. Ces petits insectes sont tour à tour vivipares et ovipares. Ils s'accouplent vers la fin de l'été, ce qui donne lieu à une ponte abondante ; et, tandis que le mâle et la femelle meurent durant l'automne, leurs œufs résistent aux froids de l'hiver et éclosent au printemps. Mais ils ne produisent que des femelles. Ces dernières n'en donnent pas moins le jour à une nouvelle génération de pucerons, qui sortent tout formés de leurs organes sexuels, comme le fœtus d'un mammifère. La génération ainsi produite est également composée de femelles vivipares qui accouchent à leur tour d'une nouvelle série de femelles, et ainsi de suite pendant plusieurs générations successives. Bonnet en a compté jusqu'à neuf dans le courant de l'été. Vers la fin de l'été, on voit naître des individus un peu différents de leurs congénères. Ce sont des mâles. Ceux-ci fécondent les femelles, et la ponte recommence pour produire les mêmes effets au printemps suivant.

ainsi constituées par des cellules superposées bout à bout.

Le *bourgeonnement* ou *reproduction par stolons* a lieu sur les végétaux phanérogames et sur les cellules sphéroïdes ou polyédriques du chapeau des champignons. Il se montre aussi, comme nous venons de le voir, dans le règne animal, chez les méduses, les polypiers, les hydres ou polypes d'eau douce, etc. C'est un phénomène tout à fait analogue, sinon identique à la gemmation. Il arrive souvent, qu'après le bourgeonnement, les cellules nouvelles s'individualisent et se séparent de la cellule mère. D'autres fois, au contraire, comme chez les *Conferva glomerata*, les polypes, etc., les individus demeurent unis les uns aux autres et à l'individu qui leur a donné naissance. Dans ce cas, l'animal ou la plante sont constitués par une fédération d'éléments semblables entre eux et à l'élément primitif. Chacun d'eux reçoit sa nourriture par l'intermédiaire de son voisin ou la puise directement dans le canal central qui représente la cellule mère. Ils ont pourtant leur autonomie distincte; car, si on vient à les séparer du groupe, ils peuvent vivre isolément et reproduire à leur tour par voie de bourgeonnement une nouvelle colonie semblable à la première.

Schwann et plus tard Kölliker ont donné le nom de *génération endogène* ou *endogenèse* à la formation d'éléments nouveaux dans l'intérieur d'une cellule. La production des globules polaires dans l'ovule fécondé, l'apparition du noyau vitellin et la segmentation elle-même sont considérées par ces auteurs comme des phénomènes d'endogenèse. Les partisans de la théorie cellulaire font dériver tous les éléments anatomiques de ce mode de génération ou de la reproduction par scission et par bourgeonnement. « Nous savons déjà, dit M. Morel qui ne fait que reproduire les idées de l'école allemande, que le blastoderme est formé par endogenèse dans l'ovule. Il est également hors de doute que la cellule cartilagineuse de nouvelle formation ne dérive pas de la substance fondamentale amorphe de ce tissu, mais qu'elle tire son origine d'une cellule préexistante et par fissiparité. Le même phénomène se reproduit dans certains épithéliums (peau, intestin, quelques glandes, etc.), dont la crue et la reproduction sont, pour ainsi dire, de tous les instants... La formation a également lieu par végétation endogène ou prolifération des cellules plasmatiques dans le tissu conjonctif. Toute cellule dérive donc d'une cellule préexistante, et le blastème amorphe ne peut donner naissance à aucun élément organisé(1). » Nous avons déjà dit ce qu'il faut penser de cette opinion, dont nous démontrerons tout à l'heure la fausseté. La multiplication par endogenèse peut néanmoins avoir lieu dans certains cas. Mais, comme le fait observer avec raison M. Robin, ce n'est pas là un mode habituel, ni même normal de naissance des éléments anatomiques.

Turpin et plus tard Schleiden et Schwann avaient donné le nom de *cellules mères* aux cellules qui en renfermaient d'autres semblables à elles, mais plus petites, et celui de *cellules filles* ou *cellules jeunes* à ces dernières. « Ces expressions sont justes lorsqu'il s'agit de la segmentation ou scission d'une cellule en deux autres semblables à elle, sauf le volume ; ou de la genèse d'une ou plusieurs cellules de même espèce que celle dans la cavité de laquelle elles naissent, comme dans le cas de cellules, épithéliales d'une tumeur naissant dans la cavité accidentelle d'une autre cellule épithéliale. Mais elles seraient inexactes si on les appliquait aux cellules épithéliales dans les vacuoles desquelles naissent les leucocytes ; car ces dernières cellules étant d'une espèce autre que les premières, ne sauraient être considérées comme leur descendance (2). » Ce terme appliqué aux phénomènes qui se passent dans l'ovule après la fécondation n'est pas moins inexact, et l'épithète de *cellules filles* ne saurait être en aucune façon donné aux cellules embryonnaires ; car ce sont des éléments entièrement distincts de l'ovule. Quoi qu'il en soit, « on chercherait en vain des exemples de ces modes de génération des éléments sur les cellules nerveuses bipolaires ou multipolaires, sur les fibres cellules, les fibrilles musculaires striées, les corps fibro-plastiques fusiformes ou étoilés, etc. Ce n'est par conséquent pas à ce mode de production des éléments qu'on peut rapporter leur multiplication pendant l'accroissement normal ou non (3). »

2° De la *naissance* ou *genèse* des éléments anatomiques. —

(1) Morel, *Traité d'histologie normale et pathologique*, p. 33 et 34.
(2) Ch. Robin, *Dict. dit de Nysten*, art. MULTIPLICATION.
(3) Ch. Robin, *Journal d'anatomie et de physiologie*, p. 347.

Elle est caractérisée par la formation spontanée molécule à molécule d'un ou plusieurs éléments cellulaires ou non cellulaires au sein d'un blastème amorphe. Ce mode de génération diffère essentiellement des précédents en ce sens que les éléments nés de cette façon né procèdent directement d'aucun autre. Les premiers faits de ce genre ont été constatés par Schleiden sur l'embryon végétal et plus tard par Schwann sur l'embryon animal. L'école allemande actuelle les nie ; mais ils ont été vérifiés et reconnus vrais par M. Ch. Robin. Cependant la théorie de Schwann n'est pas complétement exacte. Fidèle aux idées de Schleiden, généralement vraies quand il s'agit des végétaux, Schwann avait pensé que les cellules, une fois nées dans le blastème formateur, se reproduisent uniquement par scission, par bourgeonnement, ou par génération endogène, et que, chez les animaux comme chez les végétaux, les éléments figurés (tubes, fibres, etc.) émanent tous, par voie de transformations successives, de la cellule originelle. C'est cette généralisation erronée qui a été réfutée par les expériences de M. Robin.

Nous avons déjà dit que, dans l'ovule, les éléments des tissus transitoires ou cellules embryonnaires se forment par segmentation du vitellus. Ces cellules constituent à leur tour le blastoderme ou première membrane propre de l'embryon ; lequel est divisé en deux feuillets, *feuillet externe, séreux* ou *animal*, *feuillet interne muqueux* ou *végétatif*. Les cellules de la couche superficielle du feuillet séreux blastodermique se métamorphosent à la façon des cellules végétales en éléments de la classe des produits (cellules de l'amnios, cellules épithéliales, etc.). Toutes les autres cellules embryonnaires disparaissent par liquéfaction. Dans l'être déjà formé, les éléments produits naissent de même à l'état de cellule ou de noyau, soit par scission ou par genèse proprement dite, aux dépens des blastèmes fournis par le plasma sanguin. Puis ils se métamorphosent directement en produits secondaires.

Il n'en est pas de même des éléments fondamentaux ou constituants (fibres élastiques, fibres cellules, fibrilles musculaires, tubes nerveux, cellules nerveuses, ostéoplastes, etc.). Ces éléments naissent toujours par genèse et ne se transforment jamais les uns dans les autres. Ils se forment, chez l'embryon, aux dépens du blastème fourni par la liquéfaction des cellules embryonnaires ; et, chez l'animal déjà formé, ils naissent de toute pièce dans les blastèmes interstitiels exhalés par les capillaires et les éléments du même ordre qu'eux. Ce mode de formation a été étudié avec le plus grand soin par M. Robin sur l'embryon de plusieurs variétés d'hirudinées, telles que les néphélis, les glossiphonies, etc. Il a été désigné par l'auteur sous le nom de *genèse par substitution.*

Beaucoup de physiologistes se figurent que cette distinction est purement nominale et que la genèse par substitution ne diffère de la métamorphose que par la liquéfaction préalable des éléments en voie de transformation. Une pareille interprétation est radicalement inexacte. Ce n'est pas là une question de mots, dit M. Robin, mais une question de fait. Il est bien vrai que les éléments préexistants fournissent le blastème qui sert à la formation des éléments définitifs ; mais ce blastème est déjà modifié moléculairement au moment où ces éléments prennent naissance. En voie d'évolution continue, par suite du mouvement nutritif, les liquides blastématiques n'existent, pour ainsi dire, qu'à l'état virtuel et ils ne sont jamais identiques à deux instants successifs de la durée. Il n'y a donc pas métamorphose pure et simple d'un élément en un autre élément de même nature, mais apport continu de principes nouveaux au sein du blastème formateur. De là, les différences spécifiques des éléments qui en proviennent.

La genèse par substitution est dite *accrémentitielle, par interposition* ou *accrémentition* lorsque des éléments anatomiques semblables à ceux qui existent déjà naissent au milieu de ces derniers. C'est ainsi que les tissus se forment et que les organes s'accroissent. Dans ce cas, le blastème formateur est fourni, comme toujours, par les vaisseaux sanguins et par les éléments eux-mêmes. La génération accrémentitielle a lieu pendant toute la durée du développement végétal ou animal. Dans les végétaux, on l'observe lors de la formation de chaque couche nouvelle entre l'aubier et le liber, lors de l'apparition des bourgeons, etc. Les éléments nouveaux se forment directement aux dépens du cambium exhalé par les vaisseaux nourriciers. Ce sont, en général, des éléments constituants. Quelques produits peuvent cependant naître de cette façon. C'est ainsi qu'apparaissent l'o-vule dans la nucelle des phanérogames, dans les sporanges de certains cryptogames, et l'ovule mâle dans les anthères et les anthéridies.

Ce mode de genèse est favorisé à la fois par la composition des liquides intra-vasculaires et par la présence des éléments de même espèce que ceux qui vont se former. L'une et l'autre condition, mais principalement la dernière, sont rendues évidentes par la reproduction artificielle des tissus à l'aide de la greffe animale ou végétale. Le plasma exhalé par les capillaires se mêle aux blastèmes interstitiels fournis par les éléments anatomiques; et il se modifie en raison même de la nature de ces liquides, lesquels varient à leur tour avec les espèces élémentaires qui les produisent. De là, la nécessité de rapprocher les lèvres des solutions de continuité pour favoriser la reproduction des éléments détruits par le traumatisme.

Il y a enfin un troisième mode de genèse dite *par apposition* ou *sécrémentition*. Elle est caractérisée par la naissance, à la surface d'un tissu déjà formé et aux dépens du blastème qu'il fournit, d'éléments anatomiques différents de ceux qui constituent le tissu lui-même. Dans ce cas, les éléments les plus anciens tombent ou sont chassés par les éléments nouveaux, qui naissent au dessous d'eux et absorbent à leur profit tous les principes nutritifs. Ce mode de production se montre à la surface de la peau, des muqueuses, des séreuses, dans l'intérieur des acini et des canaux glandulaires. C'est ainsi que se forment les épithéliums, les cellules pigmentaires de la choroïde, les ovules mâle et femelle dans les vésicules et tubes ovariens, dans les culs-de-sac des canalicules spermatiques et dans la vésicule spermatogène. Tous les éléments qui naissent de la sorte appartiennent à la classe des produits et ont, en général, la forme cellulaire.

On divisait autrefois la *genèse* ou *génération* en génération homœomorphe et *génération hétéromorphe*, suivant que les éléments nouvellement formés étaient semblables à ceux qui se trouvent normalement dans l'organisme; ou selon les différences plus ou moins marquées qu'on croyait exister entre certains produits morbides et les éléments normaux. Mais cette distinction établie par Bayle et Laennec, et reproduite de nos jours par Lebert, est universellement abandonnée à l'heure qu'il est. Les progrès de l'anatomie pathologique ont montré, en effet, qu'il ne se forme jamais d'éléments étrangers dans l'organisme. Les éléments normaux peuvent s'hypertrophier (*hypertrophie* ou *hyperplasie*), se multiplier à l'excès (*hypergenèse*), ou se développer dans des tissus où ils n'existent pas normalement (*hétérotopie*); mais on ne rencontre jamais dans les tumeurs ni dans les liquides pathologiques des éléments autres que ceux qui composent les divers tissus de l'économie. La malignité des tumeurs, c'est-à-dire leur tendance à l'envahissement et à la récidive, n'est pas due à la présence d'une matière étrangère, comme on le croyait jadis. Elle dépend à la fois de la nature des éléments qui entrent dans la tumeur, de la facilité plus ou moins grande avec laquelle ils se multiplient et des conditions spéciales présentées par le sujet avant l'explosion du mal. Ce sont là autant de causes complexes qui méritent une attention sérieuse de la part des pathologistes et des cliniciens, mais dont l'étude ne saurait nous occuper ici.

- Nous venons de voir que la genèse doit être considérée comme la production spontanée, l'édification molécule à molécule d'un élément anatomique au sein d'un blastème organisable. Il nous resterait maintenant à examiner si les blastèmes peuvent exister indépendamment des éléments anatomiques, s'ils sont le produit nécessaire de l'organisme ou s'ils préexistent à ce dernier. En d'autres termes, la génération spontanée est-elle possible? Peut-on concevoir que des principes immédiats formés naturellement ou artificiellement aux dépens des principes purement minéraux contenus dans le règne inorganique soient susceptibles de s'organiser, par le seul fait des affinités moléculaires qui leur sont inhérentes, dans des conditions autres que celles qui se trouvent réalisées dans le milieu vivant? L'affirmative a été soutenue par un très-grand nombre de physiologistes, tels que Needdham, R. Owen, Carus, Lamarck, Baër, Burdach, Ehrenberg, Leukart, et de nos jours par Raspail, Pouchet, Mantegazza, Wymann, Joly, Musset, etc. Raspail n'a point fait, il est vrai, d'expériences physiologiques tendant à prouver la réalité de l'hétérogénie, mais il a insisté, dans sa *Chimie anatomique*, sur la nature purement moléculaire de la naissance des éléments anatomiques. Comparant la formation des cellules à l'apparition d'un cristal dans une dissolution saturée, il dit en propres termes que *l'organisation est une cristallisation vésiculaire* (1).

L'idée de Raspail a été reprise un peu plus tard par Schwann, qui lui a donné des développements théoriques fort ingénieux, mais peu en rapport avec les faits physiologiques et la structure anatomique. Il s'est borné d'ailleurs à expliquer à sa manière la formation des éléments, cellulaires ou autres, sans chercher à se rendre compte de l'origine première des blastèmes où ces éléments prennent naissance. Or, c'est là précisément le point important de la question. D'où vient la matière organisée, à quel moment s'est-elle montrée sur notre globe et quelles étaient ses conditions d'existence à l'époque de la formation des premiers organismes vivants : Voilà le problème tel qu'il doit être posé! Dans ces termes, il est évident qu'il ne saurait être abordé encore : car les principes immédiats de la troisième classe n'ont pu être reproduits synthétiquement jusqu'à ce jour. On ne pourrait donc opérer que sur la matière organisée en voie de décomposition, comme l'ont fait MM. Joly et Pouchet. Or, ces conditions, suffisantes pour établir l'évolution spontanée des éléments anatomiques, ne le sont plus quand il s'agit de prouver la formation directe des blastèmes. Mais, à défaut de preuves directes, on peut invoquer, comme nous l'avons déjà fait ailleurs, le témoignage des mathématiques, celui de la physique, de la chimie, de la géologie et de l'anatomie comparée, qui sont d'accord pour prouver que les êtres organisés n'ont pas toujours existé sur notre globe, que leurs éléments appartiennent tous au monde inorganique, et que leurs propriétés dérivent directement ou indirectement de celles des corps bruts. Nous ne pourrions sans nous répéter reproduire ici ces preuves. On les trouvera consignées dans le premier chapitre de notre thèse et dans les notes qui lui sont afférentes (2).

(1) Raspail, *Nouveau système de chimie organique.* Paris, 1833, p. 25.
(2) Voir le chapitre de cette thèse consacré à l'étude des blastèmes et des plasmas, et les notes qui l'accompagnent.

IV. — DE LA CONTRACTILITÉ.

Outre les actes dont nous venons de parler, et qui sont communs aux végétaux et aux animaux, il en est d'autres qu'on observe exclusivement chez ces derniers. Ce sont les propriétés inhérentes à la fibre musculaire et aux éléments nerveux (*contractilité et innervation, propriétés de la vie animale,* de Bichat). C'est la contractilité qui va nous occuper tout d'abord.

La contractilité est caractérisée par ce fait que la substance qui en est douée se raccourcit dans un sens et augmente de diamètre dans l'autre alternativement. La contractilité offre deux modes fondamentaux, chacun inhérent à une espèce distincte d'éléments anatomiques. Dans le premier, elle est brusque et rapide. C'est le mode de contractilité qui est propre aux fibrilles musculaires striées. C'est là le mode de contractilité appelé improprement *contractilité animale* par Bichat, par opposition à l'autre mode de contractilité, qu'il désignait sous le nom de *contractilité organique sensible* et *insensible*. Nous avons déjà fait remarquer le vice de cette division.

Le deuxième mode de contractilité est caractérisé par la lenteur avec laquelle il s'accomplit; ce qui n'implique nullement une absence d'énergie. Car ce mode de contractilité survit toujours à la contractilité animale. Il est inhérent aux fibres-cellules. Il se montre aussi dans un certain nombre d'éléments cellulaires appartenant aux différentes classes du règne animal, tels que les cils vibratiles des épithéliums, ceux des infusoires, la queue des spermatozoïdes, les globules blancs ou leucocytes, etc. Les animaux inférieurs, tels que les amibes, les méduses, etc., sont aussi éminemment contractiles, sans qu'on découvre en eux l'élément spécial qui est le siége de la contraction, chez les animaux plus élevés dans la série. Cependant, comme les agents physiques et chimiques agissent à peu près de la même façon sur tous les tissus contractiles, il est probable que ces divers tissus sont formés d'une même substance fondamentale, affectant des aspects différents suivant l'espèce élémentaire qui en est le siége.

On parle aussi parfois d'une prétendue contractilité *volontaire* et *involontaire*, faisant allusion ainsi à la contraction des muscles de la vie animale, qui a lieu ordinairement sous l'influence de la volonté, et à celle des muscles de la vie végétative (tuniques musculaires de l'estomac et de l'intestin, des artères et des veines, etc.), qui est d'ordre purement réflexe ou inconscient. Ces expressions doivent être abandonnées, au même titre que celles de *contractilité animale* et *organique*. La contraction des muscles étant subordonnée pendant la vie à l'influence de l'innervation consciente ou inconsciente, on peut dire qu'il y a des mouvements volontaires ou involontaires, mais non deux modes de contractilité, l'un volontaire ou conscient, l'autre involontaire ou inconscient. La contractilité est, de sa nature, toujours inconsciente et involontaire. Elle présente seulement des différences d'énergie et de rapidité suivant le degré et le mode d'excitation qui la met en jeu.

Il y a une modalité spéciale de la contraction musculaire que l'on a considéré pendant longtemps comme une propriété distincte de la contractilité. Nous voulons parler de la *tonicité*. La tonicité n'est autre chose que cet état de tension permanente qui fait que les muscles antagonistes se font équilibre et maintiennent fixes les leviers auxquels ils sont adaptés. Cet état est provoqué par l'action du système nerveux sur les muscles, et il disparaît constamment quand cette action cesse de se faire sentir. Ainsi, par exemple, que l'on coupe la moelle un peu au-dessus des racines du plexus lombaire. Le membre inférieur sera désormais soustrait à l'empire de la volonté. Il y aura, par conséquent, paralysie du mouvement volontaire, mais non suspension du pouvoir réflexe, puisque les muscles du membre inférieur communiqueront toujours avec la moelle par l'intermédiaire de leurs nerfs respectifs. Dans ces conditions, la jambe et la cuisse prennent une attitude demi-fléchie qui représente la position moyenne d'équilibre entre l'action des extenseurs et celle des fléchisseurs. La tonicité existe toujours, mais si l'on coupe les nerfs de la partie postérieure, les membres inférieurs se redresseront pour retomber de nouveau dans l'immobilité. Qu'est-il arrivé dans ce cas ? Le voici: La tonicité, abolie dans les muscles fléchisseurs à la suite de la section des nerfs qui s'y rendent, a cessé de maintenir le membre en état de flexion, tandis que les antagonistes, en vertu de cette même tonicité, lui ont fait prendre la direction rectiligne. Cette expérience prouve d'une façon décisive que la tonicité n'est pas une propriété spéciale du tissu musculaire; mais, comme nous le disions en commençant, une manifestation particulière de la contractilité, un état de tension permanente imprimé aux fibres musculaires par l'action continue de l'innervation excito-motrice. C'est à la tonicité qu'il faut attribuer le resserrement permanent des sphincters. L'*orgasme*, l'*éréthisme*, la *crispation*, ne sont que des degrés plus ou moins marqués de cette action des nerfs sur les muscles. La diminution ou l'abolition complète de cette influence excito-motrice amène l'*atonie* et la *flaccidité*.

La contractilité est la source de tous les mouvements organiques inhérents aux éléments, aux tissus et aux organes, de même que la nutrition préside à tous les mouvements d'ordre purement moléculaires. Mais elle n'entre en jeu d'une façon continue et régulière que lorsqu'elle y est sollicitée par l'innervation motrice. C'est ce qui a fait croire à Whyt et à quelques autres que cette propriété n'appartient pas en propre aux fibres musculaires. Haller, qui a soutenu l'opinion contraire, a prouvé, en effet, qu'on pouvait, à l'aide de l'étincelle électrique ou des irritants mécaniques, obtenir des contractions sur des muscles complétement soustraits à l'influence du système nerveux. On a répondu alors que cette condition était impossible à réaliser, car il reste toujours des ramuscules nerveux dans les muscles après la section des troncs principaux, ce qui fait qu'on ne sait jamais au juste sur quel élément a porté l'excitation. Cette objection, qui n'était pas sans gravité, a été réfutée définitivement par M. Cl. Bernard, qui a montré que le curare supprime complétement le pouvoir excito-moteur des nerfs sans toucher à la contractilité.

Haller était allé encore plus loin: il avait soutenu que les mouvements rhythmiques du cœur ont lieu physiologiquement, sans le secours de l'action nerveuse, par le seul fait de l'excitation produite par le sang. Plusieurs physiologistes de nos jours partagent encore cette opinion. Il est certain que, chez l'embryon, le cœur commence à battre avant qu'il y ait la moindre trace de système nerveux. On peut constater aussi des mouvements rhythmiques dans des organes normalement dépourvus de nerfs, tels que le canal cholédoque des oiseaux, l'allantoïde, les cils et les vésicules contractiles des infusoires (1), etc. Il est d'ailleurs impossible d'attribuer les mouvements du cœur au pneumogastrique et au grand sympathique, puisque cet organe continue à battre après avoir été séparé du reste de l'animal. Les plexus cardiaques y sont également étrangers, car on les enlève presque toujours en coupant les vaisseaux au niveau des oreillettes et des ventricules, ce qui n'arrête nullement les contractions.

C'est donc dans le cœur lui-même qu'il faut chercher la cause de ses mouvements. Faut-il les attribuer à l'influence des ganglions de Remak (2), comme le pensent aujourd'hui quelques physiologistes? Cela est possible. Mais il pourrait fort bien se faire qu'il n'en fût rien, car certaines substances, telles que la digitaline, l'upas antiar, le venin de crapaud, le tanguin, la bile, etc., paralysent le cœur en agissant directement sur les fibres musculaires (3). Le cœur est aussi paralysé par l'excitation du pneumogastrique (expérience de Weber), mais, dans ce

(1) On pourrait invoquer, pour expliquer les mouvements et l'apparente sensibilité des infusoires, une sorte d'innervation diffuse sans éléments nerveux distincts. Mais on n'a plus la même ressource quand il s'agit d'expliquer les mouvements du cœur chez les animaux supérieurs, dont toutes les fonctions correspondent à un élément déterminé.

(2) Ces ganglions, au nombre de cinq, sont contenus dans l'épaisseur des oreillettes et des ventricules. Remak, qui les a découverts, pense que ce sont de petits centres nerveux analogues aux ganglions du grand sympathique.

(3) Cette action a été contestée par les névristes, qui ont reproduit à ce sujet l'objection de Whytt contre l'existence de la contractilité musculaire. Nous avons déjà dit comment M. Cl. Bernard avait répondu à cette objection. Mais voici une expérience directe qui nous paraît encore plus probante. Elle appartient à M. Onimus, qui a bien voulu nous en faire part. Sur un cœur de grenouille, arraché depuis une demi-heure environ et offrant encore des battements assez énergiques, on projette, à l'aid d'un tube de verre, une très-petite quantité de digitaline en poudre. Les contractions du ventricule et de l'oreillette ne sont pas sensiblement influencées par le poison. Les fibres musculaires *directement en contact avec la digitaline* se contractent seules avec une violence exceptionnelle et demeurent tétanisés, tandis que le reste de l'organe continue à battre normalement. Comment expliquer un tel phénomène si l'on n'admet pas l'action directe et élective de la digitaline sur les fibres musculaires?

cas, il s'arrête en diastole, tandis que les poisons du cœur l'arrêtent en systole. L'opinion de Haller paraît donc la plus probable, et c'est à cette dernière que se range M. Vulpian. Qui sait, dit-il, si les fibres du cœur ne possèdent pas une propriété spéciale qui leur permet d'entrer spontanément en contraction ? Il est même inutile, à notre avis, de supposer ici une propriété nouvelle. Une plus grande susceptibilité des fibres cardiaques suffirait à elle seule pour tout expliquer. Le sang et les blastèmes organiques joueraient, dans ce cas, par rapport au cœur, le même rôle que les nerfs vis-à-vis des autres muscles. Cette explication s'accorde d'ailleurs assez bien avec la structure anatomique des fibrilles musculaires du cœur, qui, grâce à l'absence du myolemme, se trouvent directement en rapport avec les blastèmes environnants. Quoi qu'il en soit, la manifestation de la contractilité n'en demeure pas moins soumise, dans l'immense majorité des cas, à l'influence excitatrice du système nerveux moteur.

Elle peut aussi être mise en jeu, comme nous l'avons déjà dit, par les excitants physiques, chimiques et mécaniques, tels que l'électricité, la chaleur, la lumière, les combinaisons et les décompositions chimiques, le choc, le pincement, etc. Il y a deux manières de provoquer la contraction avec ces agents. Dans la première, on irrite le nerf pour le faire agir sur le muscle. Dans le second cas, au contraire, on irrite directement le muscle pour remplacer l'influence du nerf. Quand on a recours à l'électricité, on peut se servir indifféremment des courants ou de l'étincelle électrique. Mais dans l'un et l'autre cas, il faut agir avec des appareils très-faibles, sans quoi l'on n'obtient que des contractions irrégulières, et la puissance contractile disparaît en très-peu de temps.

La chaleur, de même que l'électricité, a une influence très-puissante sur la contractilité musculaire. Haller et Sénac avaient déjà vu la chaleur de la main ou de l'haleine réveiller les battements du cœur chez l'embryon du poulet. M. Cl. Bernard a observé de même que le cœur de la grenouille, qui bat huit ou dix fois par minute à une basse température, peut battre trente fois et plus dans le même temps si on élève la température. Si l'on place un cœur de grenouille dans l'acide carbonique, les battements s'arrêtent très-rapidement. Leur énergie augmente, au contraire, très-sensiblement si on le plonge dans l'oxygène. Cela tient probablement à la chaleur qui résulte de la combinaison de ce gaz avec les globules sanguins.

Quand on lie l'aorte abdominale, le sang devient plus chaud au-dessus de la ligature, et les battements du cœur sont accélérés. Ce fait, signalé par M. Cl. Bernard, a été diversement interprété par les physiologistes. Les uns ont prétendu que le cœur ayant une plus grande résistance à vaincre par suite de l'arrêt du sang, devait nécessairement augmenter le nombre de ses contractions. Mais cette hypothèse, qui a le grave défaut d'attribuer au cœur une sorte de discernement, laisse sans explication l'élévation de la température du sang. M. Onimus nous paraît avoir donné une explication très-satisfaisante de ce double phénomène. L'élévation de la température est due, selon lui, au travail mécanique développé par le cœur, travail perdu pour la circulation, mais reparaissant sous forme de chaleur. C'est précisément cette chaleur qui devient un excitant du cœur et détermine des battements plus fréquents et plus énergiques (1). Ainsi se vérifie cette admirable loi de la transformation des forces découverte par le génie de Mayer ; loi qui a déjà donné la solution d'un très-grand nombre de problèmes physiques et chimiques, et qui renverse définitivement toutes les hypothèses des métaphysiciens sur la force vitale.

La lumière agit aussi sur la contractilité. Mais son action est très-restreinte ; car peu de muscles y sont exposés. Il est certain toutefois que l'iris se contracte sous l'influence des rayons lumineux. Et l'on ne peut pas objecter qu'il y a là une action réflexe produite par l'intermédiaire des nerfs iriens : car le phénomène s'observe alors même que le système nerveux a cessé d'agir. Il peut être produit, pendant l'hiver, sur l'œil des anguilles vingt-quatre heures et même deux ou trois jours après la mort, pourvu qu'on ait pris soin d'humecter l'organe afin de le préserver de la dessiccation.

L'électricité et la chaleur n'agissent pas seulement comme

____

(1) E. Onimus, *Étude critique sur les tracés obtenus à l'aide du sphygmographe*, in *Journal d'anat. et de physiol. du docteur Ch. Robin*, année 1866, p. 175.

excitants extérieurs sur la contractilité musculaire. Il s'en produit directement dans les muscles à la suite des actions chimiques qui entretiennent le mouvement nutritif. C'est cette chaleur et cette électricité qui, en s'accumulant dans les muscles, y provoquent la contraction. La température augmente au moment où le muscle entre en jeu et atteint son maximum à la fin de la contraction. L'organe restitue alors toute la chaleur employée pour provoquer sa fonction. La contraction serait due, à la fois, suivant M. Matteucci, au travail mécanique produit par la chaleur et à un changement brusque survenu dans l'état électrique du muscle.

L'expérience a démontré, en effet, que chaque fibre musculaire possède un courant électrique allant de la surface au centre. Le muscle peut même, jusqu'à un certain point, être assimilé à un aimant. Au milieu se trouve une ligne neutre, où la tension électrique est nulle, tandis que cette tension va en augmentant à mesure qu'on s'éloigne du centre pour atteindre son maximum aux deux extrémités. Dans un muscle entier, la surface est électrisée positivement et les deux extrémités négativement. Quand on coupe un muscle transversalement, le courant va, comme toujours, de la surface au centre, et la coupe est électrisée négativement. Ce courant est facilement mis en évidence à l'aide du galvanomètre. La déviation de l'aiguille se fait dans une direction constante pendant le repos du muscle, et la déviation a lieu en sens inverse au moment de la contraction.

Cette nouvelle déviation de l'aiguille est attribuée, par M. Matteucci, à la formation d'un nouveau courant de sens inverse du premier. Il appuie sa théorie sur ce fait qu'un muscle, en se contractant, peut produire par influence la contraction d'un autre. C'est ce qu'il appelle la *contraction induite*. M. Dubois-Reymond prétend, au contraire, que *l'oscillation négative* de l'aiguille est due à la suppression brusque du courant par le fait même de la contraction. La force qui écartait l'aiguille du zéro, disparaissant tout à coup, cette aiguille revient au zéro et le dépasse en vertu de la force acquise. Elle exécute ainsi plusieurs oscillations successives jusqu'à épuisement complet de cette force. L'explication de M. Dubois-Reymond est on ne peut plus juste. Car, si l'on maintient un muscle en contraction perma-

nente, on voit l'aiguille s'arrêter au zéro après un certain nombre d'oscillations; ce qui n'aurait évidemment pas lieu s'il existait un courant dans le muscle. Cette interprétation est confirmée,
en outre, par la théorie mécanique de la chaleur qui est parfaitement applicable à l'électricité, puisque ces deux forces peuvent se résoudre en une seule. L'électricité transformée en travail
moteur pendant la contraction reparaît sous forme de chaleur au
moment de la détente du muscle. Quant à la contraction du
second muscle sous l'influence du premier, elle s'explique tout
naturellement par la modification de son état électrique.

M. Dubois-Reymond a observé, en outre, que le courant se
renverse dans le muscle au moment où il entre en état de rigidité cadavérique. Cela tient probablement aux modifications
moléculaires qui ont lieu alors dans l'intérieur de l'organe. On
remarque, en effet, que la coupe du muscle très-nettement alcaline à l'état normal devient acide au moment où la rigidité
commence.

M. Cl. Bernard croit qu'il n'existe aucun rapport de cause à
effet entre les courants musculaires et la contraction. Il n'y a là,
dit-il, qu'une simple coïncidence. Car la digitaline, l'upas antiar
et les autres poisons des muscles abolissent la contractilité en
laissant persister les courants musculaires. Comment se fait-il
alors que les muscles se contractent quand leur état électrique se
modifie? C'est là un fait constant, qui nous paraît ne pouvoir
s'accorder avec l'opinion de M. Cl. Bernard. L'argument tiré de
l'abolition de la contractilité est d'ailleurs très-peu concluant :
car les poisons des muscles agissant directement sur la fibre
musculaire, doivent nécessairement altérer sa structure. Il est
fort possible dès lors que l'excitant persiste sans que l'excitation
puisse avoir lieu.

L'opinion de M. Cl. Bernard nous paraît d'autant plus difficile à
admettre, qu'elle se trouve en contradiction formelle avec la
théorie de Dubois-Reymond sur la cause de la contractilité et de
l'innervation. On sait, en effet, depuis les admirables travaux de
Haller, que la contractilité de même que l'innervation peuvent
être séparément mises en jeu par l'électricité. Ce seul fait peut
faire soupçonner à priori que le muscle et le nerf sont animés
par le même excitant physiologique; excitant qui ne serait autre,

suivant Dubois-Reymond, que la force électrique dégagée par les combinaisons et les décompositions incessantes qui ont lieu pendant toute la durée du mouvement nutritif. Si le muscle et le nerf ne répondent pas de la même façon à l'excitation nutritive, cela tient uniquement à la différence de leur structure, qui permet à l'un de se contracter, tandis que l'autre joue le rôle de simple conducteur. La plupart des physiologistes actuels, et M. Bernard lui-même, si je ne me trompe, ont déjà adopté cette opinion et relégué le prétendu *fluide nerveux* parmi les chimères métaphysiques.

On sait, du reste, que les courants électriques se montrent à la fois dans les muscles et dans les nerfs, et qu'ils s'y produisent suivant les mêmes lois. C'est pendant le repos de la fonction que ces courants ont lieu. L'excitation modifie l'état électrique statique des éléments nerveux et musculaire et les fait passer à l'état dynamique. Il se développe alors dans le nerf et consécutivement dans le muscle, ce que Dubois-Reymond a appelé l'*état électro-tonique*, qui a pour résultat la contraction.

L'observation a montré, en outre, que les courants électriques disparaissent dans les muscles et dans les nerfs dès que le mouvement nutritif y est complétement aboli. Cette coïncidence, très-difficile à constater dans les nerfs, devient évidente dans les muscles, grâce à la rigidité cadavérique qui annonce l'arrêt de la nutrition dans le tissu musculaire. Les courants commencent par changer de sens, puis ils s'affaiblissent progressivement et disparaissent dès que la rigidité est complète. Quant aux propriétés contractile et excito-motrice, on sait depuis longtemps qu'elles ne survivent jamais à l'arrêt de la nutrition et des courants électriques. Comment ne pas admettre après cela la corrélation intime de ces trois ordres de phénomènes? Et, cette corrélation une fois admise, comment nier l'influence des courants sur la contraction musculaire? Cette contraction résulte, selon nous, de quatre phénomènes successifs qui, au fond, n'en font qu'un; car ce sont tous des modifications du mouvement initial engendré par les actes métaboliques de la cellule nerveuse centrale. Dès que cette cellule entre en jeu sous l'influence des excitations internes ou externes, elle excite le nerf, dont elle modifie la polarité électrique. Celui-ci propage de proche en proche l'excitation qu'il a reçue et la transmet au muscle qui, modifié à son tour dans son état électrique, entre aussitôt en contraction.

Il nous reste à déterminer maintenant ce qu'il faut entendre au juste par le mot de *contraction*. Il semble au premier abord que rien n'est plus simple. Mais, pour peu qu'on y réfléchisse, on s'aperçoit que la contraction n'est pas constituée uniquement par le raccourcissement du muscle. Quand on excite artificiellement un muscle à l'aide du courant ou de l'étincelle électrique, il y a, en effet, un resserrement brusque et rapide qui peut faire illusion sur la nature du phénomène. Mais la contraction physiologique offre un tout autre caractère. Elle n'a jamais lieu d'un seul coup, comme la précédente, mais graduellement, progressivement, selon le degré d'intensité de l'incitation volontaire. Cette différence a fait penser aux physiologistes que la contraction normale se compose d'une série de contractions ou secousses fibrillaires analogues à celle qui est produite en une fois par l'électricité. Déjà, en 1809, Wollaston avait comparé la contraction musculaire aux vibrations des corps sonores. Et, de même qu'il faut plusieurs vibrations pour produire un son donné, il pensa que le nombre des secousses fibrillaires devait être plus ou moins grand, suivant le degré d'intensité de l'excitation nerveuse. Il étudia ensuite le son produit par la contraction des muscles et le compara à celui que produisent les voitures en roulant sur le pavé. Hogsthon, ayant repris plus tard les recherches de Wollaston, fixa à une moyenne de 32 à 35 vibrations par seconde la tonalité du son musculaire.

Ces recherches ont été continuées de nos jours par MM. Heidenheim, Helmholtz, Marey, etc., qui sont arrivés à des résultats à peu près identiques. En faisant agir sur le muscle masséter un courant induit donnant trente-deux décharges par seconde, Helmholtz est arrivé à produire la contraction permanente (tétanos), ce qui prouve qu'une contraction complète résulte, au moins, de trente-deux secousses successives. M. Marey a essayé de constater la tonalité de ses propres muscles en transmettant à un diapason le mouvement vibratoire produit par la contraction. Il a reconnu de la sorte que la tonalité du son

musculaire équivaut tantôt au *si*, tantôt au *do* de l'octave inférieure du piano.

DE L'INNERVATION.

L'histoire de la contractilité nous conduit naturellement à
l'étude de l'innervation, qui est l'excitant physiologique de la
fibre musculaire. L'innervation a plusieurs modes, et chacun
d'eux est inhérent à une variété déterminée d'éléments nerveux. C'est en vain que les métaphysiciens revendiquent la
partie intellectuelle de notre être, sous prétexte que les propriétés cérébrales sont l'apanage exclusif de l'âme immatérielle. Nous ne pouvons que répéter ici ce que nous avons dit
à propos des propriétés vitales en général : toute propriété,
quelle qu'elle soit, ne saurait exister en dehors et indépendamment de l'élément où elle se manifeste. L'homme ne peut pas
plus penser sans cerveau qu'il ne peut se mouvoir sans appareil
locomoteur. Les prétendues facultés de l'*âme* ne sont donc autre
chose que des facultés cérébrales : elles naissent, se développent
et disparaissent avec les éléments nerveux. C'est donc dans ces
éléments et non ailleurs qu'il convient de les étudier.

Les éléments nerveux sont de deux ordres, comme nous
l'avons déjà dit : les tubes et les cellules. La description anatomique des tubes nerveux ayant déjà été faite, nous n'avons pas
à y revenir. Nous insisterons seulement sur leurs propriétés et
sur celles des cellules, dont nous donnerons la classification
anatomique et physiologique. Puis nous essaierons de déterminer les rapports réciproques des diverses variétés d'éléments
nerveux, afin d'en déduire une théorie rationnelle des fonctions
cérébro-spinales. C'est l'étude des tubes qui va tout d'abord
nous occuper.

Depuis les expériences de Magendie, qui font, à bon droit,
autorité dans la science, les histologistes ont décrit deux espèces
de tubes nerveux correspondantes aux deux ordres de nerfs
décrits par Magendie : les tubes nerveux *moteurs* et les tubes
nerveux *sensitifs*. Mais cette distinction, vraie, dit Lewes, lorsqu'on envisage les nerfs au point de vue de leur rôle fonctionnel,
cesse de l'être lorsque l'on n'a en vue que leurs propriétés. Il n'y
a, selon lui, à proprement parler, ni nerfs moteurs ni nerfs sen-

sitifs. Ces organes et les tubes qui les composent ne possèdent, en réalité, qu'une seule propriété : la *neurilité* ou conductibilité nerveuse, c'est-à-dire le pouvoir de transmettre, à distance, les impressions de diverse nature qui leur sont communiquées par les différentes variétés de cellules nerveuses auxquelles ils sont annexés. Nul doute que les nerfs ne diffèrent par leurs fonctions, puisque les uns conduisent dans le sens centripète les impressions produites à la périphérie, tandis que les autres ramènent à la périphérie l'influx moteur élaboré dans les centres. Mais cette différence de fonction n'implique, en aucune façon, une différence de propriété. Il en est des tubes nerveux comme des fils de fer ou de cuivre qui conduisent plus ou moins bien l'électricité et peuvent la transmettre dans tous les sens, sans être doués pour cela d'une propriété électrique spéciale autre que la conductibilité.

Cette théorie, très-séduisante au point de vue physiologique, a été acceptée sans réserve par M. Vulpian, qui l'a fortifiée par des expériences nouvelles. Ces expériences prouvent que les nerfs sensitifs et les nerfs moteurs peuvent être soudés les uns aux autres et conduire indifféremment, dans un sens ou dans l'autre, les impressions sensitives et excito-motrices. La seule objection sérieuse qu'on ait faite à la théorie de Lewes repose sur l'action du curare, qui abolirait, dit-on, *isolément*, la neurilité des nerfs moteurs, tandis qu'il respecterait celle des nerfs sensitifs. D'où l'on conclut, très-naturellement, que cette propriété n'est pas la même pour les deux ordres de nerfs. Cette conclusion serait, en effet, très-légitime, si le curare agissait sur toute l'étendue des nerfs moteurs. Mais c'est précisément le contraire qui a lieu. L'action du poison se porte uniquement sur la plaque nerveuse terminale et jamais sur la continuité du nerf. De sorte que cet organe est, en quelque sorte, détaché du muscle et ne peut plus lui communiquer l'incitation motrice. Ce n'est donc pas la neurilité ou, si l'on veut, la conductibilité du nerf qui est détruite par le curare, mais la propriété spéciale inhérente à la plaque nerveuse terminale ou à l'élément congénère qui en tient lieu (1).

(1) Quelques physiologistes ont supposé que le poison agissait sur la fibre muscu-

Voici trois expériences qui nous paraissent ne devoir laisser aucun doute à cet égard : 1° « On isole sur une grenouille un muscle, le muscle gastro-cnémien, par exemple; on le sépare, de façon à ce qu'il ne soit plus en communication avec le membre que par le nerf et par le vaisseau qui s'y distribuent; puis on lie le vaisseau et alors on empoisonne l'animal avec du curare. De tout le système nerveux de la grenouille, le filet nerveux de ce muscle restera seul à l'abri du poison. Si l'on galvanise le tronc nerveux d'où émane ce filet, lorsque l'empoisonnement sera complet, on n'obtiendra de contraction que dans le muscle correspondant, que l'on a mis en quelque sorte hors de la circulation générale par la ligature. Le tronc nerveux n'a donc pas perdu sa motricité, mais il n'agit plus que sur un muscle, parce toutes ses extrémités musculaires sont paralysées à l'exception d'une seule, celle du filet qui se rend à ce muscle (1). »

2° M. Bernard a fait voir directement, par une autre expérience, que le curare agit d'une façon élective sur les extrémités des nerfs moteurs. « Il enlève, sur une grenouille, les deux muscles gastro-cnémiens avec les filets nerveux qui s'y distribuent. Dans un verre de montre, qui contient de la dissolution de curare, il place le nerf de l'un des muscles, de façon à ce que le muscle (et, par conséquent, les plaques terminales du nerf) soient bien à l'abri du contact du poison; dans un autre verre de montre, contenant également du curare dissous, on met l'autre muscle, en ayant soin de tenir le nerf hors du verre. Or, c'est ce dernier nerf qui perd son action sur le muscle, tandis que celui qui était en contact direct avec le curare conserve sa motricité (2). »

3° La troisième expérience est due à M. Vulpian lui-même; ou, du moins, il la cite comme ayant été faite sous ses yeux : « Sur une grenouille, on avait étreint, par une forte ligature, un des membres postérieurs, à l'exception du nerf sciatique correspondant; puis on avait empoisonné l'animal au moyen d'une

laire. Mais cela n'est pas admissible, puisque cette fibre demeure contractile en dépit de l'action du curare. Si l'empoisonnement portait sur le muscle, il ne pourrait le faire qu'en lui enlevant la faculté d'être excité par le nerf. Cette interprétation nous paraît, comme à M. Vulpian, beaucoup trop subtile pour être vraie.

(1) Vulpian, *Leçons sur la physiologie générale et comparée du système nerveux*. Paris, Germer Baillière, 1866, in-8°, p. 208.

(2) Idem, *loc. cit.*, p. 209.

petite quantité de curare, introduite sous la peau du dos. Vingt-quatre heures après l'empoisonnement, il y avait encore des mouvements dans le membre lié, lorsqu'on venait à irriter fortement une autre partie du corps. Cette expérience, ajoute M. Vulpian, est très-instructive, non-seulement en ce qu'elle montre que les nerfs peuvent être très-longtemps en contact avec le curare sans perdre leur excitabilité, mais encore en ce qu'elle fournit un argument très - puissant contre ceux qui admettent que le curare agit aussi en paralysant les parties centrales du système nerveux. »

Ces expériences sont, en effet, très-probantes. Mais il est une dernière objection que l'on pourrait faire à la théorie de Lewes, et à laquelle M. Vulpian ne nous paraît pas avoir suffisamment répondu. Il n'y a, en réalité, qu'une seule manière de prouver l'identité de propriétés des fibres nerveuses, c'est de les souder les unes aux autres et de les exciter isolément, après leur cicatrisation, pour voir si l'influx moteur peut traverser les fibres sensitives et *vice versâ*. C'est bien ainsi qu'a procédé M. Vulpian, et nous avons déjà dit que le résultat avait confirmé sa manière de voir. Mais, dans les expériences de ce genre, il y a toujours une cause d'erreur. M. Vulpian a soudé un nerf sensitif, le nerf lingual, au bout périphérique d'un nerf moteur, le nerf hypoglosse; et, quarante jours après la cicatrisation, il a constamment provoqué des mouvements dans la langue en pinçant le bout central du lingual. Mais qui nous dit que les fibres de l'hypoglosse, en se régénérant, ne sont point parvenues jusqu'au point pincé par l'observateur? Le mouvement produit s'expliquerait alors avec l'ancienne théorie tout aussi bien qu'avec la nouvelle, puisqu'on aurait excité, à la fois, des tubes moteurs et des tubes sensitifs. Il y a un moyen bien simple de résoudre la question, c'est l'examen microscopique du nerf. Si l'on ne trouve pas de tubes moteurs dans le nerf sensitif, la théorie de Lewes, de très-probable qu'elle est, deviendra incontestable.

Nous ne pouvons cependant nous empêcher de faire observer que la propagation de l'influx moteur ne se fait pas absolument de la même façon que celle de l'influx sensitif. Ce fait nous semble ressortir évidemment des expériences de Nobili, qui prouvent que les courants électriques éveillent plus difficilement la sensibilité que la motricité dans les nerfs mixtes. En un mot, il faut des courants plus forts pour provoquer une sensation qu'une contraction. L'ébranlement produit dans les tubes sensitifs n'est donc pas absolument de la même nature que celui qui a lieu dans les tubes moteurs. Mais cette différence importe peu, au fond ; car elle peut être mise sur le compte de la cellule nerveuse, qui est la cause et le point de départ de l'excitation. S'il en est ainsi, on peut dire que les tubes nerveux n'ont d'autre propriété que celle de vibrer à l'unisson des cellules avec lesquelles ils se trouvent en rapport immédiat et de propager, directement ou indirectement vers d'autres éléments, l'excitation qu'ils ont subie. C'est ainsi que le nerf moteur, impressionné par les cellules motrices des centres nerveux, peut agir secondairement sur la fibre musculaire, avec laquelle il se trouve en contact par son extrémité périphérique, et y provoquer la contraction. De même, le nerf sensitif, impressionné à son extrémité périphérique par les excitants divers, transmet cette impression aux cellules sensibles de la moelle ou du cerveau; lesquelles, en vertu de leur activité propre et de leurs connexions avec les cellules motrices, peuvent, à leur tour, la réfléchir jusque dans les nerfs moteurs et dans les muscles. Mais, dans tout cela, les tubes nerveux ne jouent jamais qu'un seul rôle, celui de conducteurs de l'influx nerveux. Il est bien vrai qu'ils remplissent des fonctions différentes, mais ces fonctions sont déterminées par leur direction et leurs rapports, non par leurs propriétés. Ils sont indispensables, puisque, sans eux, les cellules nerveuses ne pourraient s'impressionner les unes les autres, ni être impressionnées par les excitants extérieurs; mais ce rôle, purement passif, ne saurait, en aucune façon, les faire considérer comme des éléments générateurs d'influx nerveux.

Les éléments véritablement actifs dans le système nerveux sont les cellules de la substance grise ganglionnaire et cérébro-spinale. Leurs caractères anatomiques, beaucoup plus tranchés que celui des tubes, varient d'une région à l'autre. Elles diffèrent à la fois par leur forme, leur volume, leur coloration et leur composition immédiate. Toutes contiennent dans leur intérieur une substance visqueuse, molle et, en général, de coloration jaunâtre, sauf quand elles sont pigmentées. Leur enveloppe, très-mince d'ordinaire, est parfois si délicate qu'elle est à peine apparente (cellules de la couche moyenne de la substance grise cérébelleuse). Leurs noyaux, tantôt très-gros, d'autres fois très-petits, renferment habituellement deux ou plusieurs nucléoles. La plupart sont uni, bi, tri, quadripolaires, etc., et chacun de leurs pôles est muni d'un tube nerveux qui les fait communiquer avec les cellules voisines ou avec celles d'une autre région. D'autres, au contraire, sont rondes ou ovales, aplaties et complétement isolées. C'est le cas des myélocytes, qui forment la base de la *matière granuleuse* de la moelle et du cerveau.

Contrairement aux tubes nerveux, les cellules nerveuses ont une autonomie parfaitement déterminée et chaque variété a son mode d'activité spécial. Une seule propriété est commune à toutes, c'est le pouvoir émissif. Ce pouvoir consiste dans la faculté qu'ont ces cellules de rayonner à distance et de transmettre au loin l'influence de leur activité. Cette transmission a lieu, comme nous le disions tout à l'heure, par l'intermédiaire des tubes nerveux. « Véritable couple électro-dynamique, dit M. Luys, l'appareil nerveux, réduit à sa plus simple expression (un tube muni d'une cellule à chaque extrémité), engendre lui-même la force qu'il transmet à distance. Il la reçoit, la conduit et la transforme comme ces admirables systèmes de transmission électrique, dont la science contemporaine a doté notre génération, et qui représentent, dans l'appareil générateur d'électricité, la cellule d'émission, dans le fil interposé, la fibre nerveuse, et dans la cellule située à l'autre extrémité de la fibre, l'appareil *récepteur* destiné à enregistrer et à traduire sous une forme nouvelle l'incitation du départ. (1). »

Une des propriétés les plus caractéristiques des cellules nerveuses, c'est la propriété qu'elles ont de conserver plus ou moins longtemps l'impression des agents extérieurs, alors même que ces agents n'agissent plus sur elles. Cette propriété est tout à fait comparable à la *phosphorescence* ou *fluorescence* de certaines substances inorganiques (2). Chose remarquable, dit M. Luys,

(1) Luys, *Recherches sur le système nerveux cérébro-spinal*, p. 267.

(2) On sait, en effet, que certains corps ont la propriété de fixer les impressions

cette aptitude à conserver en dépôt les impressions extérieures peut persister pendant un temps indéfini à l'état latent, se perdre à la longue, et ne se révéler de nouveau que sous l'influence évocatrice de la première impression ou sous l'influence des cellules ambiantes, qui sont, en quelque sorte, de nouveaux foyers d'incitations secondaires.

Dans ses belles recherches sur les propriétés photogéniques de la lumière, Niepce de Saint-Victor a constaté qu'une simple gravure exposée aux rayons solaires peut emmagasiner de la lumière d'une façon persistante, garder pendant un temps indéfini l'impression lumineuse à l'état latent; et, mise en présence d'une plaque sensibilisée, déceler, par l'apparition d'une image négative, comme par une sorte de *réminiscence*, la persistance de l'impression primitive. Les cellules nerveuses sont absolument dans le même cas (1). Helmholtz a constaté, par exemple, que, sur l'œil humain, la fluorescence des cellules de la rétine persiste encore pendant dix-huit heures après la mort. On peut juger par là du degré de puissance coercitive de ces cellules pendant la vie.

Les effets de la fluorescence et du pouvoir émissif des cel-

lumineuses. De sorte que, sans être lumineux par eux-mêmes, ils peuvent dégager de la lumière dans l'obscurité la plus profonde. Le spath fluor, le sulfate de baryte calciné avec du soufre ou des matières organiques, les écailles d'huîtres calcinées, le vieux bois, etc., se trouvent dans ce cas. Ils luisent dans l'obscurité comme s'ils étaient éclairés directement par une source lumineuse. Ce sont là les *substances phosphorescentes*. La *fluorescence* est un phénomène du même ordre, mais un peu différent. Il consiste en ce que certains corps, après avoir emmagasiné les rayons lumineux, ne deviennent phosphorescents que sous l'influence des rayons chimiques du spectre, rayons non lumineux, comme tout le monde le sait. De ce nombre sont les solutions de sulfate de quinine, l'infusion d'écorce de marronnier d'Inde, le verre coloré par l'oxyde d'uranium, etc.

(1) M. Luys semble vouloir restreindre ce pouvoir aux cellules cérébrales. Mais l'expérience de Helmholtz rapportée ci-dessus prouve que c'est là une erreur. L'impression n'a pas besoin d'être perçue pour être conservée. De même qu'il y a des impressions inconscientes (impressions réflexes), il y a aussi des *souvenirs* inconscients, si l'on peut s'exprimer ainsi, dans le cerveau et dans la moelle. Mais tandis que ces souvenirs, passés à l'état de réminiscence dans le cerveau, sous l'influence d'une excitation interne ou externe, deviennent des idées, des perceptions, ils demeurent à l'état d'impression inconsciente dans la moelle Ce sont ces *réminiscences inconscientes* qui donnent lieu à certains mouvements convulsifs, à certaines sensations douloureuses qui ne peuvent s'expliquer que par le réveil d'une impression antérieurement subie.

lules cérébrales sont faciles à prévoir : qu'est-ce autre chose, en effet, que la mémoire, l'association des idées et le jugement qui en résulte, sinon l'expression de ce double pouvoir de conservation et de transmission des impressions reçues et modifiées par les différentes espèces de cellules nerveuses? L'axiome empirique et rationnel proclamé il y a plus de deux mille ans par Aristote et rajeuni par l'école sensualiste est devenu aujourd'hui, grâce aux progrès de la science, une vérité physiologique. Toutes nos idées viennent des sens, de même que tous les éléments de l'organisme et toutes les propriétés qui leur sont inhérentes procèdent, par voie de dérivation successive, des éléments et des propriétés des corps bruts. Les impressions sensorielles, une fois perçues et transformées en idées par les cellules cérébrales, sont emmagasinées par le cerveau; elles s'appellent, elles s'associent les unes aux autres, en vertu de l'*automatisme spontané* (1) de ces cellules et de leur influence réciproque, pour donner naissance aux actes plus complexes de l'entendement, tels que la comparaison, le jugement, etc. L'imagination elle-même n'est qu'un mode particulier de l'activité des cellules cérébrales qui, après avoir absorbé et retenu les impressions sensorielles, les travaillent isolément, les amplifient d'une manière toute spéciale et les font apparaître sous des formes plus vives et des colorations plus brillantes.

Après avoir énuméré les propriétés générales des cellules

(1) M. Luys désigne sous ce nom la propriété qu'ont les cellules nerveuses de se mettre spontanément en action, soit sous l'influence d'incitations parties des cellules ambiantes, soit par le fait des incitations d'origine périphérique. Mais, en réalité, cette propriété n'est pas particulière aux cellules nerveuses. Tous les éléments de l'organisme la possèdent à des degrés divers ; car tous sont susceptibles d'être impressionnés par les excitants physiques, chimiques ou biologiques, et de réagir à leur façon sur ces impressions. Cette faculté provoque, il est vrai, des effets particulièrement dignes d'intérêt dans le système nerveux. « Les cellules cérébrales, une fois qu'elles ont été ébranlées par l'arrivée des impressions extérieures, n'en restent pas là. Cet état tout nouveau dans lequel elles se trouvent, après leur *imprégnation* par l'impression extérieure, et que nous avons assimilé à la phosphorescence des corps inorganiques, se communique de proche en proche, et va, par une série d'ébranlements intermédiaires, susciter la mise en activité de nouveaux groupes de cellules situées à d'autres pôles de la substance corticale. Ces nouveaux groupes ainsi ébranlés se mettent à l'unisson des premiers, et deviennent bientôt à leur tour, pour les cellules de la circonscription, des foyers secondaires d'incitations vibratoires. » (Luys, *loc. cit.*, p. 271.)

nerveuses, il nous reste à déterminer leurs propriétés spéci-fiques et les rapports anatomiques qui les relient les unes aux autres. Il y a trois classes de cellules nerveuses, suivant Jacu-bowitsch : des *cellules motrices*, des *cellules sensitives* et des *cellules sympathiques*. Les premières sont volumineuses, multipo-laires et se trouvent dans les cornes antérieures de la moelle en rapport immédiat avec les tubes nerveux moteurs. Les secondes sont petites, fusiformes, à trois ou quatre prolongements. Elles sont situées dans les cornes postérieures, au niveau de la substance gélatineuse de Rolando et reçoivent les tubes nerveux sensitifs (tubes minces à simple contour de Ch. Robin). Les troisièmes sont unipolaires ou bipolaires. On les rencontre dans la moelle entre les cornes antérieures et les cornes postérieures et dans les gan-glions du grand sympathique. Owsjanikow en décrit une qua-trième classe qu'il désigne sous le nom de *cellules volitives* ou cellules de la pensée. Ces dernières se rencontreraient uni-quement, selon lui, dans la substance grise des circonvolutions cérébrales. Elles seraient toutes multipolaires, tandis que les cellules motrices de Jacubowisch seraient simplement quadri-polaires.

Cette classification est défectueuse en ce sens qu'elle s'appuie surtout sur la forme des cellules nerveuses. Il y a, en effet, des cellules multipolaires dans la moelle aussi bien que dans le cerveau et dans le cervelet. Les propriétés de ces éléments ne sont donc pas nécessairement liées à leur forme, comme le fait observer très-judicieusement M. Vulpian. Les différences de volume et de composition immédiate ont, selon toute apparence, une importance beaucoup plus grande, sous ce rapport. Quoi qu'il en soit, il est certain que la sensibilité, le mouvement et la pensée sont abolis dès qu'on intercepte la communication des tubes nerveux avec ces différents ordres de cellules. Ainsi, par exemple, lorsqu'on coupe les racines antérieures des nerfs, la sensibilité et la conception sont conservées, mais les mouve-ments deviennent impossibles. Au contraire, si l'on coupe les racines postérieures, le mouvement est conservé ainsi que les fonctions sensorielles, mais la sensibilité générale a complète-ment disparu. Enfin, si l'on enlève le cerveau, l'animal est réduit à la condition d'un automate. La conception et la volition disparaissent. Il n'y a plus que des actes réflexes (inconscients et involontaires) et des phénomènes sympathiques. La vie animale n'existe plus. La vie végétative seule persiste encore. Elle peut même être abolie à son tour si l'on intercepte toute communication entre les éléments anatomiques des différents viscères et les tubes nerveux ganglionnaires.

Les fonctions du grand sympathique peuvent néanmoins subsister encore un certain temps après la section des filets nerveux qui relient ses ganglions au centre encéphalo-rachidien. On trouve, en effet, dans les ganglions du grand sympathique des cellules bipolaires qui ne communiquent par aucun de leurs pôles avec les centres nerveux. De sorte que, à la rigueur, on peut les considérer comme des appareils indépendants capables d'engendrer par eux-mêmes l'influx nerveux. Ce fait physiologique, déjà observé par Jonhston et plus tard par Monro, Tissot, Scarpa et Bichat, s'accorde parfaitement avec les données anatomiques. Il a été confirmé expérimentalement par Cl. Bernard et Waller (1).

La texture des éléments nerveux est donc de la plus haute importance au point de vue physiologique. En dirigeant leurs recherches dans cette voie, les anatomistes de nos jours ont vu que les diverses variétés de cellules nerveuses forment des réseaux multiples dans le cerveau et dans la moelle, et que chacune d'elles est reliée à une ou à plusieurs de ses congénères par des tubes nerveux. Cette disposition leur permet de s'influencer réciproquement et de jouer le rôle d'excitant les uns par rapport aux autres. C'est ainsi que les impressions, parties de la périphérie ou de la profondeur des organes, peuvent se propager dans les différentes régions du système nerveux, s'y

(1) En coupant, sur une grenouille, les nerfs rachidiens à leur sortie du canal vertébral, Waller a constaté que, un mois après la section, les fibres de la portion périphérique de ces nerfs sont complétement désorganisées, tandis que les branches du grand sympathique restées en communication avec les ganglions sont encore normales. Ces ganglions peuvent donc être considérés comme des centres trophiques indépendants du cerveau et de la moelle. De son côté, M. Cl. Bernard a démontré que les ganglions du grand sympathique sont des centres d'actions réflexes. Ainsi, par exemple, en excitant le ganglion sous-maxillaire, après l'avoir isolé des centres nerveux, il a pu provoquer des phénomènes excito-moteurs et déterminer une sécrétion abondante de la glande sous-maxillaire.

modifier d'une multitude de façons et se réfléchir, dans certains cas, du centre à la périphérie, pour mettre en jeu le système musculaire et les appareils qu'il tient sous sa dépendance immédiate.

Le tissu nerveux a été étudié dans ces derniers temps par Jacubowitsch, Owsjanikow, Kölliker, Gratiolet, Natalis Guillot, etc., et surtout par M. Luys qui en a donné une description à la fois analytique et synthétique. Les détails qui vont suivre ne sont que le résumé malheureusement trop succinct de la première partie de ses *Recherches sur le système nerveux cérébro-spinal* (1). Cet ouvrage, d'où sont rigoureusement bannies toutes les hypothèses métaphysiques, est, à notre avis, un des plus remarquables qui aient été publiés jusqu'à ce jour sur cette importante question. L'auteur divise, comme les anatomistes ses prédécesseurs, les tubes nerveux en deux grands systèmes, l'un convergent ou eisodique, l'autre divergent ou exodique, reliés entre eux par les noyaux de substance grise qui occupent les régions centrales de l'axe, savoir la substance grise médullaire, celle du corps strié et de la couche optique. L'un de ces systèmes, désigné par M. Luys sous le nom de *fibres convergentes inférieures*, a pour point de départ les plexus formés par les expansions des nerfs sensoriels viscéraux et périphériques. Avant d'arriver à leur destination centrale, la plupart de ces fibres traversent divers dépôts de substance grise qui se trouvent sur leur trajet (ganglions du grand sympathique, ganglions spinaux, substance grise et gélatineuse de la moelle, ganglions olfactifs, auditifs, corps genouillés externes et internes, etc.). Toutes n'arrivent pas au corps strié et à la couche optique. Il en est qui s'arrêtent aux différentes hauteurs de l'axe spinal et ne communiquent que médiatement avec le confluent des deux systèmes. Quelques-unes s'arrêtent dans les cellules ganglionnaires des ganglions sympathiques, qui peuvent être pendant un certain temps, comme nous l'avons déjà dit, de véritables centres d'actions réflexes, même quand ils sont séparés de la moelle et du cerveau.

Au point de vue de leur direction réelle et de leurs fonctions,

(1) Luys, *Recherches sur le système nerveux cérébro-spinal*. J. B. Baillière, 1865, un vol. in-8° avec atlas.

ces fibres se divisent en *fibres afférentes* ou *sensitives* et *fibres efférentes* ou *motrices*.

Les premières (fibres afférentes) pénètrent, à leur sortie des plexus, dans les ganglions annexés aux racines postérieures des nerfs ou dans les masses ganglionnaires énumérées précédemment. Puis elles se divisent en trois groupes. Un premier groupe, désigné par M. Luys sous le nom de *fibres ganglio-cérébrales*, traverse directement les ganglions, s'accole aux parties latérales de l'axe et va se rendre dans la couche optique, après entrecroisement. Ce sont là les fibres *sensitives proprement dites*, celles qui apportent au cerveau les impressions sensorielles et périphériques destinées à être perçues (impressions conscientes).

Un second groupe, après avoir pénétré dans les ganglions, s'abouche avec les cellules multipolaires qui y sont contenues pour se plonger ensuite dans la substance gélatineuse de Rolando au milieu des cellules gélatineuses de l'axe (*cellules à actions réflexes* de Jacubowitsch). Ces fibres s'arrêtent au lieu de leur immersion dans la moelle. Ce sont les *fibres ganglio-spinales excito-motrices* chargées de transmettre aux centres médullaires les impressions réflexes ou inconscientes.

Enfin un troisième ordre de fibres, parti des plexus et des ganglions du grand sympathique, traverse les ganglions spinaux en se mettant, comme les précédentes, en connexion avec les cellules ganglionnaires. Puis elles pénètrent dans l'axe où elles s'abouchent avec les cellules bipolaires de la moelle (*cellules sympathiques* de Jacubowitsch). Ce sont les fibres *ganglio-spinales vaso-motrices* que l'on pourrait appeler aussi *fibres végétatives*, puisqu'elles sont destinées à transmettre aux centres nerveux les impressions réflexes viscérales ou nutritives.

Les *fibres efférentes* se divisent aussi en trois ordres qui correspondent aux trois ordres de fibres afférentes. Elles occupent toutes les régions antéro-latérales de l'axe. Les premières partent du corps strié et de la couche optique et descendent dans la moelle, où elles forment des faisceaux parallèles (faisceaux blancs antérieurs de la moelle) qui vont se jeter dans les racines antérieures et de là dans les plexus. Ce sont les *fibres mo-*

trices proprement dites, celles qui mettent en jeu la contractilité musculaire des fibrilles de la vie animale.

Les secondes partent de l'amas de substance grise qui constitue les cornes antérieures de la moelle; et, grâce à leurs connexions avec les cellules de cette région, elles vont propager dans les muscles de la vie animale les mouvements réflexes ou inconscients; tandis que les troisièmes, émergeant des mêmes cellules par des points différents, vont susciter dans la tunique musculeuse des vaisseaux et dans les fibres-cellules des viscères les actes réflexes viscéraux et vaso-moteurs.

Le deuxième système (*fibres convergentes supérieures*) émerge des plexus de cellules nerveuses qui constituent la substance grise corticale des circonvolutions cérébrales et des lobes cérébelleux. De là, elles se rendent en convergeant, comme des rayons partis de la surface interne d'une sphère creuse, vers les noyaux de substance grise de la couche optique et du corps strié. Ces fibres constituent à elles seules la substance blanche des circonvolutions et des lobes cérébelleux, de même que les fibres convergentes inférieures (antérieures et postérieures) constituent la substance blanche de l'axe cérébro-spinal. Celles qui viennent du cervelet traversent la protubérance et se rendent directement dans le corps strié, où elles s'abouchent avec les cellules motrices de cette région. Celles qui viennent des circonvolutions sont de deux ordres : les unes se rendent directement dans la couche optique; les autres, au contraire, se moulent sur la surface des circonvolutions cérébrales et présentent des anses dont la concavité est tournée en haut. Tandis que les premières font communiquer les cellules cérébrales supérieures avec celles de la couche optique, les secondes relient les unes aux autres les cellules des circonvolutions. Ces fibres curvilignes, bien décrites par Gratiolet, ont reçu le nom de *fibres commissurantes intercorticales.*

Le système des fibres convergentes supérieures et celui des fibres convergentes inférieures sont reliés l'un à l'autre par les cellules de la couche optique et par celles du corps strié. Les impressions qui arrivent à la couche optique par les fibres afférentes ganglio-spirales peuvent ainsi être transmises aux cellules sensitives des circonvolutions et se transformer en sensations. Les sensations peuvent à leur tour se transformer en volitions et en actes, grâce aux connexions qui relient entre elles les cellules sensitives et les cellules volitives des circonvolutions, et ces dernières aux cellules motrices de la moelle. Les cellules du cervelet, qui sont exclusivement motrices, sont également reliées par des tubes nerveux aux cellules du même ordre du corps strié et de la moelle. Ces cellules, qui ont, de même que les cellules cérébrales, la propriété d'entrer spontanément en action, président à la coordination des mouvements (expériences de Bouillaud et Floureus).

Enfin les fibres afférentes ganglio-spinales sont reliées aux fibres efférentes correspondantes par les fibres transversales de l'axe. Ces fibres, en passant d'un côté à l'autre de la moelle, font communiquer entre elles les cellules postérieures (sympathiques et excito-motrices) et les cellules antérieures (cellules à actions réflexes, viscérales et périphériques). Les cellules de même espèce s'anastomosent, d'ailleurs, les unes avec les autres sur toute la longueur de l'axe nerveux central. C'est ce qui explique la propagation des actions réflexes dans le sens vertical (Cl. Bernard).

L'activité des éléments nerveux est essentiellement intermittente. L'influx qu'ils élaborent s'épuise peu à peu dans les manifestations incessantes de leur activité diurne. De là la nécessité du sommeil durant lequel la nutrition, qui persiste toujours, emmagasine une nouvelle provision d'influx nerveux dans les tubes et dans les cellules de l'axe cérébro-spinal. Le mouvement nutritif joue alors par rapport aux éléments nerveux le même rôle qu'une source électrique vis-à-vis d'un condensateur. Quand la charge est à son maximum, l'appareil laisse échapper une partie de son fluide, et, si la source agit toujours sur lui avec la même intensité, ce dégagement devient continu. De l'état statique, où il était d'abord, il passe à l'état dynamique. C'est ce qui a lieu pour le système nerveux au moment du réveil. Dès que l'influx nerveux est complétement régénéré, l'appareil se remet de lui-même en activité. Le réveil a lieu, dans ce cas, par le fait même de l'accumulation de l'influx nerveux, et la veille persiste sans inconvénient pour l'individu. Au contraire, si le réveil est provoqué prématurément par une incitation étrangère, la veille devient pénible; et lorsque ces incitations intempestives sont souvent renouvelées, lorsque le sommeil est systématiquement interrompu, l'animal tombe peu à peu dans le marasme et finit par succomber à l'épuisement nerveux.

L'exercice normal de l'activité nerveuse est donc soumis à deux conditions : intégrité anatomique des éléments et renouvellement incessant de leur activité physiologique; de là deux sortes de paralysies : les unes dites *symptomatiques*, qui sont causées par une désorganisation du tissu nerveux; les autres *dynamiques*, qui n'ont d'autre origine qu'un état de torpeur ou d'inertie des cellules nerveuses. Dans le premier cas, les éléments sont altérés (quantitativement ou qualitativement) dans le nombre, dans l'espèce, ou dans le mode de groupement de leurs principes immédiats; tandis que, dans le second cas, c'est le mouvement vibratoire de leurs molécules (leur activité fonctionnelle) qui est modifié. Il y a toujours, de façon ou d'autre, défaut de *conductibilité* de la part des tubes nerveux et défaut de *réceptivité* ou *d'automatisme spontané* de la part des cellules.

Il y a aussi un troisième ordre de lésions dynamiques qui résultent de l'action anormale des éléments nerveux les uns sur les autres (paralysies et convulsions réflexes). Ces altérations, toujours subordonnées à l'exercice des fonctions, disparaissent après la mort, et ne peuvent être constatées sur le cadavre. Mais on peut les reproduire artificiellement sur le vivant (Brown-Sequard). Certains troubles nerveux, tels que les hallucinations, ont lieu en vertu d'un mécanisme analogue. Les cellules cérébrales, impressionnées une première fois par les excitations sensorielles, entrent alors spontanément en action, sous l'influence de perturbations circulatoires locales ou d'une exaltation fonctionnelle passagère. De là la perception d'images, de bruits ou de sons qui n'existent pas dans la réalité, mais seulement à l'état virtuel dans notre esprit. Il n'y a donc pas, à proprement parler, de maladies sans lésions, comme le pensent les vitalistes : Les troubles de toute nature survenus dans les fonctions ou dans les propriétés nerveuses correspondent toujours à un rapport fonctionnel accidentel entre deux ou plusieurs éléments voisins ou éloignés, ou à une altération de structure, de texture ou de coordination anatomique de ces éléments.

Nous aurions encore un mot à ajouter sur la nature de l'influx nerveux ; mais ce que nous avons dit à propos des courants musculaires nous dispense de donner de nouveaux détails à ce sujet.

CHAPITRE III.

DE L'INDÉPENDANCE RELATIVE DES PROPRIÉTÉS BIOLOGIQUES.

Les propriétés ou actes élémentaires que nous venons d'étudier, considérés dans leur ensemble et en égard aux rapports réciproques qu'ils entretiennent les uns avec les autres et avec les milieux ambiants, ont reçu le nom de *vie*. Pour les médecins habitués à l'analyse physiologique, la vie ne présente rien de plus mystérieux que tel ou tel phénomène d'ordre physique ou chimique. Ce n'est point un principe particulier, isolable de la matière, et doué d'attributs surnaturels. C'est le mode d'activité immanent à l'*état d'organisation;* lequel n'est autre chose que l'union moléculaire des principes immédiats des trois classes constituant un tout ou système commun, temporairement indissoluble, appelé *organisme*. L'extrême instabilité de ce composé éminemment complexe est à la fois la condition de sa rénovation moléculaire incessante et celle de sa dissociation chimique après une durée variable, mais relativement très-restreinte (Ch. Robin).

Il existe d'ailleurs plusieurs degrés d'organisation. Le premier est celui des blastèmes, des plasmas et des autres éléments amorphes où les trois classes de principes immédiats se trouvent associés sans forme ni structure déterminée. Le deuxième est celui des éléments anatomiques proprement dits (éléments figurés) qui offrent une *structure* et un volume variables suivant les espèces, mais toujours constants pour une espèce donnée. L'organisation est déjà très-facile à reconnaître dans les éléments de cet ordre. Elle est encore plus marquée dans les tissus et atteint son maximum de développement dans les organes et dans les appareils. Mais ce sont là, comme nous l'avons déjà dit, des moyens de perfectionnement purement secondaires, qui augmentent l'intensité de l'activité vitale et les aptitudes fonctionnelles de l'être, mais n'apportent aucune propriété nouvelle dans l'organisme. La vie ou, pour mieux dire, les propriétés vitales résident uniquement dans les éléments anatomiques. Ces éléments eux-mêmes sont autonomes et jouissent d'une certaine indépendance les uns vis-à-vis des autres. Chacun d'eux a sa vie propre et accomplit un rôle déterminé dans l'organisme. De telle sorte qu'on a pu dire, non sans raison, que la vie générale d'un être est la résultante des vies ou propriétés particulières de ses éléments. Les propriétés, toujours les mêmes pour une espèce donnée, ne sauraient jamais être dévolues à une espèce différente. On n'a jamais vu, par exemple, les fibres musculaires usurper le rôle des éléments nerveux, ni ces derniers devenir *contractiles*.

Les éléments qui ne possèdent que les propriétés végétatives offrent aussi des particularités physiologiques qui les rendent aptes à jouer un rôle spécial en rapport avec leur structure anatomique spécifique. C'est ainsi que les hématies ont, grâce à l'hématosine qu'ils contiennent, le pouvoir d'assimiler l'oxygène et de désassimiler l'acide carbonique. Chaque élément a de même des affinités particulières inhérentes à sa composition immédiate; affinités qui garantissent l'exercice régulier de la nutrition et des sécrétions. Tous possèdent également à des degrés divers le pouvoir osmotique, ce qui les rend aptes à absorber certaines substances plutôt que d'autres. Quelques-uns enfin, comme les fibres élastiques, possèdent l'élasticité dévolue à tous les corps en général; mais elle se trouve développée chez eux à un degré tel qu'elle leur confère toujours une fonction spéciale dans la dynamique animale.

L'autonomie des éléments implique leur indépendance réciproque. Cette indépendance n'est jamais absolue, mais elle est toujours suffisante pour que chacun d'eux conserve pendant un certain temps son activité propre et ses qualités spécifiques alors même qu'il n'est plus influencé par les autres. Ainsi, par exemple, on voit tous les jours dans les expériences physiologiques, des muscles se contracter après avoir été soustraits à l'influence nerveuse. On voit de même la contractilité disparaître dans les muscles, alors que les nerfs moteurs sont intacts. C'est ce qui a lieu dans l'atrophie musculaire progressive, qui résulte d'une altération particulière des muscles, dont les fibres devenues granuleuses s'atrophient et perdent rapidement leur propriété contractile. Dans cette affection, les fonctions du système nerveux demeurent intactes jusqu'au moment de la mort; et la paralysie, toujours consécutive à l'atrophie musculaire, ne la précède jamais.

Les propriétés, actes élémentaires, primordiaux, irréductibles, existent, en effet, indépendamment des fonctions et peuvent toujours leur survivre; tandis que celles-ci ne leur survivent jamais. Faites disparaître l'innervation d'un nerf, la contractilité d'un muscle; vous aurez beau les exciter, en maintenant leurs rapports, il n'y aura plus de contraction. Vous pouvez, au contraire supprimer les rapports du muscle et du nerf, la contraction ne sera plus possible; mais la contractilité et l'innervation persisteront encore séparément dans le muscle et dans le nerf. C'est ce qui arrive dans l'empoisonnement par le curare. L'animal, complétement paralysé, demeure dans une immobilité absolue et est incapable de tout mouvement volontaire ou réflexe. Pourtant la sensibilité persiste, les nerfs moteurs sont excitables et les muscles contractiles. On s'en assure facilement à l'aide des réactifs physiologiques. Toujours en possession de ses propriétés vitales, l'animal ne peut plus en manifester aucune par le fait seul de la suppression des rapports qui relient entre elles les deux propriétés animales, la contractilité et l'innervation. Tous ses traits respirent l'anxiété et la douleur, et pourtant il demeure impassible et inerte comme s'il était mort. Il souffre, mais ne peut se plaindre; il entend, sans répondre; il voit, sans manifester qu'il a vu; il a conscience du danger, et ne peut fuir, comme si, paralysés par la peur, ses muscles ne voulaient plus le servir; il étouffe, et il expirera bientôt asphyxié sans avoir pu seulement ouvrir la bouche pour faire pénétrer l'air dans ses poumons. Tous ces effets sont dus à l'action élective du curare, qui respecte les propriétés des nerfs, mais supprime les fonctions de locomotion en détruisant les rapports du système nerveux et du système musculaire.

La respiration artificielle pratiquée immédiatement après la mort, chez les animaux empoisonnés par le curare, met en évidence, d'une façon encore plus saisissante, cette indépendance relative des propriétés vitales. L'hématose, supprimée par l'abolition des mouvements respiratoires, se rétablit bientôt sous l'influence de l'insufflation. L'oxygène, arrivant de nouveau au contact des globules sanguins, leur rend leur pouvoir excitateur, qui ne tarde pas à se faire sentir sur le bulbe et consécutivement sur le grand sympathique et le pneumogastrique. Les mouvements du cœur se rétablissent, et l'animal ressuscite partiellement sous les yeux de l'observateur. Il va sans dire que l'expérience ne réussit point si les effets du poison se sont déjà fait sentir sur les filets cardiaques du grand sympathique et du pneumogastrique. Mais si la dose de curare n'a pas été trop forte et son action trop prolongée, il est peu à peu éliminé par le rétablissement de la circulation, et l'on assiste alors au retour successif des propriétés vitales dans les différents éléments de l'organisme. Dès que le cerveau et les muscles ont recouvré leurs fonctions, la résurrection est complète et la vie définitivement rétablie.

L'expérience suivante, dont la portée philosophique n'échappera à personne, a été consignée par M. Flourens dans ses belles recherches sur le système nerveux : « J'enlevai, dit-il, les deux lobes cérébraux sur une belle et vigoureuse poule. Soudain la vue fut perdue des deux yeux. L'animal n'entendait plus, ne donnait plus aucun signe de volonté; mais il se tenait parfaitement d'aplomb sur ses jambes; il marchait quand on l'irritait ou quand on le poussait ; quand on le jetait en l'air, il volait; il avalait l'eau qu'on lui versait dans le bec. Cinq mois après l'opération, la plaie du crâne était entièrement cicatrisée ; la poule n'avait subi aucune détérioration dans ses fonctions nutritives. Elle était très-grasse et très-fraîche. Après l'avoir laissée jeûner pendant trois jours, j'ai porté de la nourriture sous ses narines, j'ai enfoncé son bec dans le grain, je lui ai mis du grain dans le bout du bec, j'ai plongé le bec dans l'eau, je l'ai placée sur des tas de blé. Elle n'a point odoré, n'a pas avalé, n'a pas vu; elle est restée immobile sur le tas de blé, et y serait assurément morte de faim si je n'eusse pris le parti de revenir à la faire manger moi-même. Vingt fois, au lieu de grain j'ai mis des cailloux dans le fond de son bec, elle a avalé ces cailloux comme elle eût avalé du grain. Enfin, quand cette poule rencontre un obstacle sur ses pas, elle le heurte, et ce choc l'arrête et l'ébranle, jamais elle ne palpe, ne tâtonne et n'hésite dans sa marche.

» Ainsi la poule sans lobes cérébraux a réellement perdu, avec la vue et l'ouïe, le goût et le tact. Cependant nul de ses sens ou, pour mieux dire, nul organe de ses sens n'a été directement atteint. L'œil est parfaitement clair et net, et son iris est mobile. Il n'a été touché ni à l'organe de l'ouïe, ni à celui du goût, ni à celui du tact. Chose admirable! tous les organes des sens subsistent et toutes les perceptions sont perdues. Finalement, la poule a donc perdu tous ses sens, car elle ne voit plus, n'entend plus, n'odore plus, et de plus ses instincts, car elle ne mange plus d'elle-même; jamais elle ne se défend contre les autres poules; elle ne sait plus ni fuir ni combattre, il n'y a plus d'attrait pour la génération; les caresses du mâle lui sont indifférentes ou inaperçues. Elle a donc perdu toute intelligence, car elle ne veut, ni ne se souvient, ni ne juge plus (1). » M. Flourens conclut très-judicieusement de cette expérience que les lobes cérébraux sont le siége unique des perceptions, des instincts et de l'intelligence. Elle n'est pas moins probante au point de vue spécial qui nous occupe en ce moment, car elle montre nettement l'indépendance réciproque et complète des phénomènes purement spinaux et des phénomènes purement cérébraux de l'innervation générale.

Voici deux nouvelles expériences qui conduisent aux mêmes conclusions que la précédente. Elles appartiennent l'une et l'autre à M. Brown Séquard. Dans le premier cas, on coupe la tête à un animal et on opère sur le tronc. Dès que les mouvements réflexes sont abolis, on lie la carotide d'un côté et les veines jugulaires des deux côtés. Puis on pratique une injection de sang défibriné par la carotide qui est restée ouverte, en ayant soin d'entretenir la respiration artificielle à l'aide d'un souffle adapté à la trachée. Après quelques instants de cette manœuvre,

(1) Flourens, *Propriétés et fonctions du système nerveux*, mémoire lu à l'Académie des sciences, les 4, 11, 25, 34 mars et 27 avril 1822, p. 87.

on voit les mouvements du cœur et des muscles thoraciques se rétablir. La circulation et la respiration se régularisent et les mouvements réflexes peuvent de nouveau être provoqués par les excitations. Ce tronçon d'animal est donc parfaitement vivant. Il se nourrit et se meut dans une certaine mesure; mais, privé de cerveau et d'appareils sensoriels, il n'a plus conscience de ses actes. Il n'entend plus, ne voit plus, ne sent, ne pense, ni ne veut plus. C'est un pur automate.

La même expérience pratiquée sur la tête donne des résultats analogues. Après avoir décapité un chien, M. Brown-Séquard attend une dizaine de minutes pour laisser disparaître l'impressionnabilité réflexe. Puis il adapte des tubes aux quatre artères qui se rendent à l'encéphale, et, d'un seul coup, il y injecte du sang artériel. Sous cette influence vivifiante, les yeux s'ouvrent et se meuvent dans les orbites, les muscles de la face se contractent, et cette tête séparée du tronc donne des signes évidents de sensibilité et d'intelligence. L'injection a duré quinze minutes, et, pendant tout ce temps, la vie a persisté. Seul le manque de sang a pu arracher l'illustre expérimentateur à cet émouvant spectacle. M. Brown-Séquard a répété cette expérience, avec son propre sang, sur le membre supérieur d'un supplicié détaché du tronc et déjà en état de rigidité cadavérique, et il y a réveillé la contractilité musculaire. Chose plus étrange encore, la nutrition et les combustions organiques ont recommencé. Du sang, oxygéné et défibriné par le battage, injecté par les artères, est revenu noir et fibriné par les veines.

Les phénomènes de la vie automatique et végétative peuvent de même persister chez l'homme, pendant un certain nombre d'années, indépendamment de l'activité cérébrale qui peut uniquement faire défaut. Calmeil, cité par M. Luys, parle, en effet, d'un individu qui a vécu près d'un demi-siècle dans un état de démence avancée, ne donnant çà et là que quelques lueurs de fonctionnement cérébral. Il marchait et se mouvait facilement (1). On voit à chaque instant chez les hystériques la sensibilité ou la motilité disparaître à la suite des attaques et se rétablir instantanément au moment où l'on s'y attend le moins.

____

(1) Luys, *Recherches sur le système nerveux cérébro-spinal*, p. 8.

Les faits de ce genre étonnent à bon droit le vulgaire auxquels ils ne sont point familiers, et ils passent facilement pour des miracles aux yeux des ignorants. Les pèlerinages célèbres sont encombrés par ces pauvres malades qui reviennent chaque année, avec une confiance digne d'un meilleur sort, grossir de leurs ex-voto le budget des congrégations. Il y a à peine une guérison sur cent; mais les insuccès passent inaperçus, et si, par une heureuse coïncidence, un de ces malheureux s'en retourne guéri, les bonnes âmes et les gens intéressés au succès de l'œuvre ne manquent pas de l'attribuer à la puissance de la madone ou du saint patron. C'est ainsi que la superstition et le charlatanisme exploitent la bêtise humaine et stupéfient l'intelligence des masses toujours disposées à croire au prodige.

Des paralysies et des anesthésies partielles se montrent également à la suite des fièvres graves, de la diphthérite et sous l'influence des intoxications par le plomb, le sulfure de carbone, l'arsenic, etc. On comprend, du reste, que cette indépendance des propriétés vitales n'est jamais absolue. Dans les organismes complexes, comme celui des vertébrés supérieurs, les éléments essentiels à la vie sont unis par des rapports trop intimes pour que la santé générale n'ait jamais à souffrir de ces temps d'arrêt dans l'exercice des propriétés biologiques. Des rétractions musculaires invincibles ou la *substitution graisseuse* succèdent assez souvent à la paralysie des nerfs moteurs longtemps prolongée. La surdité persiste aussi quelquefois après l'intoxication quinique. Mais si la structure de l'élément n'est pas trop profondément altérée, ses propriétés reparaissent ordinairement au bout d'un certain temps, soit spontanément, soit à la suite d'un traitement rationnel. Ces guérisons, à longue échéance, sont surtout communes chez les hystériques. « Combien de temps, dit M. Luys, les éléments nerveux qui ont cessé d'être actifs peuvent-ils durer sans présenter d'altération notable? Au bout de combien de temps d'inactivité sont-ils destinés à devenir complétement inhabiles à récupérer leur fonctions primitives? Ce sont autant de questions qui, à l'heure qu'il est, sont encore entourées de trop d'inconnues pour être résolues complétement. La longue durée de certaines paralysies hystériques et le retour soudain des fonctions spinales, expliquent la réserve extrême qu'il faut apporter dans les appréciations de ce genre. Il est néanmoins curieux de constater que les éléments nerveux qui sont ainsi réduits à l'état d'inactivité pendant plusieurs années, continuent isolément à obéir aux lois de la vie végétative, sans présenter d'altérations extérieures bien caractéristiques (1). »

Chez certains organismes très-simples, tels que les graines végétales, et un très-grand nombre d'infusoires végétaux et animaux, les éléments résistent si bien à la désorganisation que les propriétés les plus essentielles peuvent être abolies pendant des années entières sans entraîner une mort définitive. Des graines rapportées d'Égypte lors de l'expédition de Bonaparte, ont germé et donné des fruits après avoir séjourné plus de trois mille ans dans les tombeaux des Pharaons. Les rotifères, les tardigrades, les anguillules et quelques autres infusoires présentent des immunités du même genre. Ces animaux tués par la dessiccation absolue, peuvent se ranimer après plusieurs mois et même après des années, lorsqu'on les met de nouveau au contact de l'eau. Spallanzani, qui a été un des premiers à les étudier, les avait désignés à cause de cela sous le nom d'*animaux ressuscitants*. Quelques physiologistes considèrent encore cette réviviscence comme une illusion. Pour eux, la vie est un phénomène continu qui ne saurait se rétablir dès qu'il a réellement cessé d'exister. Aussi ont-ils prétendu que les infusoires réviviscents continuent à vivre avec les apparences de la mort, et cela parce qu'ils n'ont pas été complétement desséchés. Cette objection, que l'on avait déjà opposée au XVIII⁰ siècle aux expériences de Needdham, de Fontana et de Spallanzani, a été reproduite de nos jours par M. Pouchet. Mais elle a été victorieusement réfutée par les expériences de M. Doyère, contrôlées et approuvées par une commission de la Société de biologie acceptée comme arbitre par les deux contradicteurs (2). M. Pouchet lui-même a fini par se rendre à l'évi-

(1) Luys, *loc. cit.*, p. 268.

(2) Cette commission était composée de MM. Balbiani, Berthelot, Broca, Brown-Sequard, Dareste, Guillemin et Ch. Robin. Les conclusions formulées ci-dessous ont été adoptées à l'unanimité par les membres de ce jury scientifique, dont les noms font autorité dans la science. Elles ont été consignées dans le rapport très-remar-

dence ; et, abandonnant l'hypothèse de la vie latente absolument dénuée de fondement, il professe aujourd'hui, avec la majorité des physiologistes, que les infusoires tués par la dessiccation absolue ressuscitent réellement sous l'influence de l'humectation.

Ces faits et ceux que nous avons rapportés plus haut prouvent nettement que la vie n'est pas une, comme le croient à tort les vitalistes, mais multiple, et qu'elle résulte uniquement de l'action simultanée ou successive des propriétés élémentaires de la matière organisée ; propriétés qui sont elles-mêmes corrélatives de l'organisation. Toute idée d'entité, d'âme, d'archée ou de principe vital se trouve ainsi écartée. Tant que l'organisme est conservé à l'état statique et dans un milieu approprié à son évolution biologique, la vie existe dans son intégrité ; et elle peut être rétablie, après avoir disparu, si l'on parvient à reproduire les conditions physiques, chimiques (de milieu) et organiques (de structure) qui l'entretiennent normalement.

Il ne faudrait pourtant pas s'exagérer outre mesure cette indépendance des propriétés vitales, ni se faire une idée trop absolue de leur subordination hiérarchique. Chez les infusoires qui naissent dans les liquides et y puisent directement leur nourriture, il n'est pas besoin d'organes et de fonctions intermédiaires pour mettre le milieu extérieur en rapport avec le milieu vivant. La nutrition se trouve, par suite, complétement indépendante des autres propriétés organiques. Il en est à peu près de même chez l'embryon, au moins durant les premières phases de son développement. Les cellules embryonnaires, après s'être formées

quable fait à ce sujet par M. Broca. Nous sommes heureux de pouvoir les consigner ici à notre tour comme preuve à l'appui des faits avancés plus haut.

« La résistance des tardigrades et des rotifères aux températures élevées paraît s'accroître d'autant plus qu'ils ont été plus complétement desséchés d'avance. Les rotifères peuvent se ranimer après avoir séjourné pendant 82 jours dans le vide sec et subi immédiatement après une température de 100° pendant 30 minutes. Par conséquent, des animaux desséchés successivement à froid dans le vide sec, puis à 100° sous la pression atmosphérique, c'est-à-dire amenés au degré de dessiccation le plus complet que l'on puisse réaliser dans ces conditions et dans l'état actuel de la science, peuvent conserver encore la propriété de se ranimer au contact de l'eau. » (Broca, *Étude sur les animaux ressuscitants*, rapport lu à la Société de biologie les 17 et 24 mars 1860).

spontanément aux dépens des globules vitellins, sont complétement autonomes. Chacune d'elles, ne relevant que du milieu qui l'entoure, se nourrit et se développe séparément. Mais, grâce aux progrès du développement, elles se rapprochent bientôt les unes des autres pour s'agréger en blastoderme. C'est alors seulement que les éléments de l'embryon commencent à s'influencer réciproquement. Dès lors aussi leur autonomie devient moins absolue et la subordination des propriétés vitales moins rigoureusement hiérarchique. La nutrition, d'abord complétement indépendante, appelle déjà à son aide le développement pour constituer les membranes du fœtus, et perd, par là même, une partie de sa liberté biologique.

Ces membranes une fois formées, le cœur va s'y développer et absorber à son tour une portion de l'activité vitale. La contractilité dont il est doué ne pourra, il est vrai, s'exercer ni se perfectionner sans le secours de la nutrition et du développement. Mais cet organe, en répandant partout le fluide nourricier, n'en tiendra pas moins sous sa dépendance la nutrition, le développement et la genèse d'un très grand nombre d'éléments. De même, lorsque les éléments nerveux apparaîtront, la contractilité perdra une partie de son autonomie au profit de l'innervation, qui, de son côté, ne pourra subsister sans le secours des autres propriétés. Les éléments se prêtant, dès lors, un mutuel concours, chacun d'eux, tout en vivant de sa vie propre, devra contribuer à la vie de l'ensemble. Ainsi, dans l'organisme vivant, de même que dans les sociétés humaines, l'ordre ne saurait exister sans la solidarité et l'équilibre des forces individuelles.

APPENDICE.

NOTE A.

SUR LA GÉNÉRATION SPONTANÉE ET L'UNITÉ DE COMPOSITION.

La forme sphérique de la terre et son aplatissement vers les pôles, qui est, d'après les calculs de tous les physiciens, directement en rapport avec sa vitesse de rotation, suffisent pour établir qu'elle n'a pas toujours été à l'état solide. Une masse, rigide et cohérente comme notre globe actuel, eût été complétement réfractaire à l'action de la force centripète et de la force centrifuge. Il a donc fallu que la terre fût primitivement fluide pour s'aplatir aux pôles et se renfler à l'équateur (1).

« Mais la fluidité de la terre a-t-elle été aqueuse ou ignée? Les physiciens armés du pendule et les géomètres appliquant le calcul aux expériences de la physique, admettent tous maintenant la fluidité ignée originaire du sphéroïde terrestre, et considèrent ce sphéroïde comme formé de couches concentriques de différentes matières, dont la densité va croissant de la circonférence au centre. Des expériences faites avec la balance de torsion de Cavendish autorisent à conclure que la densité moyenne de la terre est cinq fois et demie plus grande que celle de l'eau, et, par conséquent, plus du double de celle de l'écorce terrestre accessible à l'observation du géologue; car le feldspath, le mica, le talc et le calcaire, qui en sont les éléments principaux, n'ont guère pour densité que 2,5. La densité moyenne des continents et des mers n'atteignant pas 1,6, il faut nécessairement que l'accroissement de cette densité soit plus rapide à mesure qu'on descend au-dessous de la surface terrestre. Tout tend donc à prouver que le centre du globe est occupé par des métaux et leurs composés les plus lourds, et que ces substances, disposées par ordre de densité, y sont encore soumises à une chaleur capable de les maintenir à l'état de fusion (2). »

On sait, du reste, par les sondages, que la température s'accroît de un degré centigrade par chaque 33 mètres de profondeur. D'où il résulte, en admettant que cet accroissement se continue toujours d'une manière uniforme, qu'au centre de la terre la chaleur serait de 193 234 degrés. (Le rayon de la terre étant de 6 300 kilom. environ, une simple division suffit pour arriver au résultat précité.) En supposant qu'on se bornât à descendre à une

(1) Voir les articles *Terrain, Roche, Formation,* du *Dictionnaire d'histoire naturelle* de Ch. d'Orbigny, et le *Compte rendu de la leçon* de M. Hébert, publié par nous dans la *Revue des cours scientifiques* de 1864, n° 26.

(2) Ch. d'Orbigny, *Dict. des sciences naturelles.*

profondeur qui ne représenterait que la 50e du rayon terrestre, on obtiendrait encore, en vertu de la progression croissante de 1 degré par 33 mètres, une chaleur de 3800 degrés, c'est-à-dire supérieure à celle que nous pouvons produire dans nos laboratoires et à laquelle le diamant lui-même ne résisterait pas.

Il est donc certain que notre planète a été non-seulement liquéfiée à l'origine, mais même à l'état gazeux : car tous les métaux qu'elle contient se vaporiseraient inévitablement sous une chaleur de beaucoup inférieure à celle qui règne actuellement au centre de la terre et que les éruptions volcaniques mettent sans cesse en évidence. Si l'on rapproche de ces faits les récentes découvertes faites par MM. Kirchhoff et Bünsen à l'aide de l'analyse spectrale ; analyse qui démontre la présence de plusieurs métaux dans l'atmosphère du soleil. Si l'on tient compte en même temps de la grande excentricité de l'orbe des comètes et des particularités offertes par la révolution des planètes, qui se meuvent toutes dans la même direction et dans un plan à peu près identique autour du soleil, on ne sera pas éloigné d'admettre, avec Laplace, que tous ces corps, y compris la terre, ont fait partie autrefois de l'atmosphère de cet astre et s'en sont détachés successivement pour constituer le système solaire actuel. « On peut conjecturer, dit Laplace, que les planètes ont été formées aux limites successives de cette atmosphère, par la condensation des zones qu'elle a dû abandonner dans le plan de son équateur, en se refroidissant et en se condensant à la surface de cet astre, comme on l'a vu dans le livre précédent. Ces zones de vapeur ont pu par leur refroidissement, former des anneaux liquides ou solides, autour du corps central ; mais ce cas extraordinaire ne paraît avoir eu lieu dans le système solaire que relativement à Saturne. Elles se sont généralement réunies en plusieurs globes, et quand l'un d'eux a été assez puissant pour attirer à lui tous les autres, leur réunion a formé une planète considérable. Il est facile de voir que les vitesses réelles des parties de l'anneau de vapeurs, croissant avec leur distance au soleil, les globes produits par leur agrégation ont dû tourner sur eux-mêmes, dans le sens de leur mouvement de révolution. On peut conjecturer encore que les satellites ont été formés, d'une manière semblable, par les atmosphères des planètes (1). »

Mais la terre, une fois formée, dut obéir aux lois du rayonnement et céder de son calorique aux astres environnants. C'est en vertu de ce rayonnement incessant que la surface du globe se coagula peu à peu et qu'une première pellicule solide sépara la masse incandescente de l'atmosphère ambiante. De là la formation des *roches ignées* ou *plutoniques*. Cette première assise solide du globe (*terrains primitifs*) est complétement uniforme et dénuée de toute race organique végétale ou animale. La chaleur était encore trop intense pour permettre à la vie de s'y développer. Mais le refroidissement continuant toujours, de nouvelles couches se solidifièrent et augmentèrent peu à peu l'épais-

(1) Laplace, *Système du monde*, chap. VI, p. 391. Paris, Courcier, 1808, in-4°.

seur de la couche primordiale. L'eau contenue à l'état de vapeur dans l'atmosphère se condensant à son tour, des torrents de pluie se précipitèrent à la surface de la planète. De là une immense oxydation et des combinaisons de toute sorte qui modifièrent encore la croûte terrestre. Alors eurent lieu les premiers dépôts stratifiés (talc et granit). C'est dans les roches formées à cette époque (*terrain silurien*) que l'on rencontre les premières traces de l'organisation, qui n'est représentée alors que par des plantes cryptogames, telles que des algues, des prêles, des fucus, etc.

Cet état de choses ne pouvait rester longtemps stationnaire. L'effort des vagues souterraines, de plus en plus comprimées par le refroidissement et le retrait des couches supérieures, dut briser cette frêle enveloppe pour s'épancher au dehors en laves bouillonnantes ou soulever les masses granitiques déposées au fond des mers. C'est en vertu de ces alternatives de soulèvement et de retrait de l'écorce terrestre que les mers se sont déplacées aux différentes périodes géologiques en laissant à découvert les cadavres des plantes et des animaux qui vivaient dans leur sein ou ceux qui avaient été déjà engloutis par une première inondation. Chacun de ces cataclysmes était suivi d'une longue période de calme durant laquelle des dépôts stratifiés se formaient au fond des mers, tandis que de nouvelles faunes animale et végétale se développaient dans leur sein et sur les surfaces abandonnées par les eaux.

Les observations de Buffon et de Daubenton, celles de Pallas, de Blumenbach, de Camper et les immortels travaux de G. Cuvier ont démontré que l'organisation des fossiles, qui caractérisent les diverses couches du globe, est d'autant plus développée que l'on se rapproche davantage des derniers soulèvements. Nous avons déjà dit qu'il n'y avait pas trace d'organisation dans les terrains primitifs. Des végétaux et des animaux invertébrés apparaissent déjà dans les terrains de transition. On y rencontre aussi des os et des squelettes de poisson. Mais les vertébrés supérieurs (reptiles, oiseaux, mammifères) ne se montrent que dans les terrains secondaires et dans les terrains tertiaires. Les espèces qui ont peuplé le globe à ces différentes époques ont complétement disparu à l'heure qu'il est. Les ancêtres de celles qui ont survécu vivaient à l'époque du dernier grand soulèvement qui a bouleversé notre planète. On trouve leurs restes dans les cavernes du Midi et du centre de la France, en Corse, en Sardaigne, en Laponie, etc., et dans le *diluvium* qui recouvre les grandes plaines de l'Europe et de l'Amérique.

« Ce qui étonne, dit Cuvier, c'est que parmi tous ces mammifères, dont la plupart ont aujourd'hui leurs congénères dans les pays chauds, il n'y ait pas eu un seul quadrumane, que l'on n'ait pas recueilli un seul os, une seule dent de singe, ne fût-ce que des os ou des dents de singes d'espèces perdues. Il n'y a non plus aucun homme. Tous les os de notre espèce que l'on a recueillis avec ceux dont nous venons de parler s'y trouvaient accidentellement ; et leur nombre est d'ailleurs infiniment petit, ce qui ne serait sûrement pas si les hommes eussent fait alors des établissements sur les pays qu'habitaient ces animaux. Où était donc alors le genre humain?... C'est ce que l'étude des fossiles ne nous dit pas. Ce qui est certain c'est que nous sommes maintenant au moins au milieu d'une quatrième succession d'animaux terrestres, et qu'après l'âge des reptiles, après celui des paleotheriums, après celui des mammouths, des mastodontes et des megatheriums, est venu l'âge où l'espèce humaine, aidée de quelques animaux domestiques, domine et féconde paisiblement la terre... (1). »

Les assertions de Cuvier touchant l'apparition de l'homme sur la terre ont été vivement contestées dans ces derniers temps. Les recherches récentes de MM. Lartet, Boucher de Perthes, Ch. Lyell, etc., établissent nettement la contemporanéité de l'homme et de quelques espèces perdues, telles que l'ours des cavernes (*U. spelœus*), l'hyène fossile (*H. fossilis*) et plusieurs variétés de tigres, de panthères, de loups, de renards, de belettes et autres carnassiers. « Il y aurait, suivant M. Worsaïe, deux *âges de pierre* (2) : l'un antérieur aux derniers dépôts quaternaires ou *antédiluvien*, l'autre postérieur ou *antéhistorique*, dont les armes et les instruments témoignent déjà d'un état un peu moins barbare. Ce dernier remonterait, selon lui, au temps où les populations du Danemark accumulaient leurs Kjœkenmoddings et celles de la Suisse et de l'Irlande et d'autres régions construisaient leurs habitations lacustres. » Tous les géologues s'accordent d'ailleurs à reconnaître que les fossiles humains de l'âge de pierre présentent des caractères d'ordre organique un peu inférieurs à ceux des races humaines qui peuplent actuellement l'ancien et le nouveau continent.

Faut-il, à l'exemple d'Huxley, de Darwin, de Vogt et de quelques autres biologistes éminents de notre époque, voir dans ces antiques représentants de l'espèce humaine les rejetons directs ou les petits-fils des grands singes? On ne peut faire à ce sujet que des conjectures plus ou moins probables ; et les auteurs que nous venons de citer n'ont jamais donné un sens plus absolu à leurs assertions. Quoi qu'il en soit, les faits énumérés précédemment permettent d'affirmer que non-seulement l'organisation est de date récente sur notre globe, mais que les diverses combinaisons moléculaires de la matière, organiques ou non organiques, ont toujours été en se compliquant, en se perfectionnant depuis l'origine de la planète jusqu'à l'époque actuelle.

Quand on examine les couches sédimenteuses appartenant aux différents terrains, on s'aperçoit que leur nombre et leur épaisseur augmentent en raison inverse de leur ancienneté. De sorte que les terrains les plus récents sont ceux dont la masse est la plus considérable. La durée des périodes géologiques intermédiaires aux grands cataclysmes a donc été progressivement

(1) G. Cuvier, *Discours sur les révolutions du globe*, p. 351, 5e édit., in-8, 1828.
(2) Cette période est ainsi nommée à cause des instruments de travail ou de défense trouvés dans le *diluvium ancien* (*terrain quaternaire*) et dans le *diluvium moderne*. Ces instruments, qui portent la trace incontestable de l'industrie humaine, sont tous en silex ou en granit.

croissante, et ces cataclysmes eux-mêmes ont diminué de fréquence à mesure que la croûte terrestre, consolidée par le refroidissement, offrait une résistance plus grande aux soulèvements. L'évolution organique devait nécessairement suivre la même progression : interrompue à chaque grande révolution du globe, elle s'est arrêtée momentanément pour recommencer, dans des conditions nouvelles, durant la période de calme subséquente. De là la différence des faunes, leur richesse et leur perfection de plus en plus grandes à partir de l'origine de la terre jusqu'à nos jours.

Nous nous trouvons actuellement dans une de ces périodes de repos consécutives aux grandes perturbations géologiques. Et, si nous en jugeons par le nombre et la perfection relative des espèces organiques répandues aujourd'hui sur la terre, nous devons supposer que le dernier soulèvement remonte déjà à une époque très-reculée (1). Ce calme sera-t-il définitif, ou de nouveaux soulèvements généraux viendront-ils bouleverser l'ordre actuel? Devons-nous disparaître à notre tour avec les plantes et les animaux qui nous entourent pour céder la place à une nouvelle évolution organique plus parfaite et plus progressive que les générations présentes? Nul ne le sait. Les éruptions volcaniques, les tremblements de terre et les soulèvements partiels que nous voyons s'opérer sous nos yeux nous avertissent de l'action persistante des forces intérieures. Mais ces phénomènes, tout à fait insignifiants eu égard à ceux qui les ont précédés, doivent être pour nous une cause de sécurité plutôt qu'un sujet de crainte, car ils témoignent à la fois de la solidité de l'écorce terrestre et du pouvoir décroissant des forces expulsives.

Quoi qu'il arrive, on peut affirmer, d'après ce qui s'est passé déjà et d'après ce qui se passe actuellement, que l'organisation est toujours en voie de progrès sur notre globe. Si l'on compare les végétaux aux animaux et les diffé-

(1) « Les expériences de Bischoff sur le basalte semblent prouver que, pour se refroidir de 2000° à 200° centigrades, notre globe a eu besoin de 350 millions d'années. Quant à la longueur de temps exigée par la condensation qu'a dû subir la nébuleuse primitive pour arriver à constituer notre système planétaire, elle défie entièrement notre imagination et nos conjectures. L'histoire de l'homme n'est donc qu'une petite ride à la surface de l'immense océan des temps. » Ces paroles, empruntées à Helmholtz, peuvent donner une idée de la durée des périodes géologiques. Elles répondent d'avance aux objections puériles de certains physiologistes qui prétendent que le animaux des classes inférieures ne se transformant plus aujourd'hui en oiseaux ou en mammifères, la transformation progressive des êtres n'est qu'une chimère. Quand on songe que quelques siècles ont suffi pour amener certaines espèces sauvages au point où elles sont arrivées de nos jours sous l'influence de la domestication et de la sélection méthodique, on comprend à peine qu'une pareille fin de non-recevoir puisse être soulevée sérieusement. C'est le cas de répéter avec l'auteur que nous citions tout à l'heure : « Les hommes sont dans l'habitude de mesurer la grandeur de l'univers et la sagesse qui y est déployée, par la durée et le bien-être promis à leur propre race ; mais l'histoire passée de la terre montre combien est insignifiant l'intervalle écoulé depuis que l'homme a ici-bas sa demeure. » (Helmholtz, cité par Tyndall, dans son *Traité sur la chaleur*, p. 422.)

rentes classes du règne animal les unes aux autres, en parlant des espèces les plus simples pour remonter successivement aux plus perfectionnées, on remarque que la variété des éléments anatomiques et le nombre des organes va toujours en augmentant à mesure qu'on s'éloigne de la plante et qu'on se rapproche de l'homme. Une progression correspondante s'observe dans les propriétés et les fonctions, ce qui prouve une fois de plus que l'état dynamique est corrélatif de l'état statique. La plante, qui n'a ni élément nerveux, ni fibres contractiles, ne peut ni sentir ni se mouvoir. Les infusoires pourvus d'éléments contractiles rudimentaires, mais sans système nerveux apparent, se meuvent très-imparfaitement, et leurs sensations, si toutefois ils en éprouvent, sont impossibles à constater expérimentalement. Les acalèphes, les holoturies, les mollusques ont déjà une organisation plus parfaite et des fonctions plus multipliées. Mais chez les premiers le système nerveux est encore peu distinct et les mouvements de même que la sensibilité sont très-bornés. Le système nerveux, très-apparent chez les mollusques et chez les crustacés, se perfectionne encore davantage chez les articulés. Il en est de même du système circulatoire et des organes de locomotion, qui s'individualisent peu à peu, de façon à constituer des appareils distincts. L'organe circulatoire confondu avec l'estomac chez les acalèphes les plus simples, tels que les méduses, les gorgones, les alcyonaires, etc., s'en distingue déjà chez les échinodermes (holoturies, astéries, etc.). Ces animaux ont un tube digestif non plus rudimentaire, mais réel, et un appareil circulatoire très-distinct. Simple canal chez les insectes et chez les molluscoïdes, le cœur offre deux cavités rudimentaires chez les mollusques, deux cavités très-distinctes chez les poissons, trois chez les reptiles, quatre chez les mammifères, sans compter les nuances intermédiaires de genre à genre, d'espèce à espèce, etc.

Cette hiérarchie ascendante de l'être dans le temps et dans l'espace est tellement générale, tellement caractéristique, qu'on la retrouve dans le développement individuel des plantes et des animaux. Quand on examine l'embryon animal ou végétal aux différentes périodes de son évolution, on ne tarde pas à reconnaître que certaines parties se modifient au point de devenir tout à fait différentes de ce qu'elles étaient à l'origine. La substance des éléments ne diminue point, mais leurs molécules se renouvellent et leur nombre augmente à chaque instant. Des espèces élémentaires qui n'existaient pas se forment de toutes pièces, tandis que les autres s'accroissent et se perfectionnent. Ainsi, par exemple, le système nerveux des mammifères, d'abord constitué par une simple corde dorsale, comme chez les poissons, affecte successivement la forme de l'appareil cérébro-spinal des reptiles et des oiseaux. C'est seulement au septième mois de la vie intra-utérine que le cerveau humain a acquis tous les caractères qui le distinguent de celui des autres espèces. L'embryon tout entier n'est lui-même constitué à un moment donné que par une simple cellule, l'ovule, imprégné de spermatozoïdes liquéfiés.

On a objecté, non sans raison, que la configuration extérieure est un phénomène d'ordre secondaire, qui n'implique en aucune façon l'identité spécifique des principes constituants. « Sous cette forme et au delà de ce que l'œil saisit, dit M. Coste, il y a quelque chose que l'œil ne peut atteindre, et qui renferme en soi la raison suffisante de toutes les différences que l'unité de configuration nous dissimule, différences qui plus tard seulement se trouveront visibles (1). » Cette remarque est très-juste. Elle s'accorde d'ailleurs parfaitement avec les données de l'anatomie générale qui prouvent que la quantité, la qualité et le mode de groupement des principes immédiats varient selon les différences espèces d'éléments anatomiques. Mais l'étude de l'anatomie générale établit, d'autre part, et avec non moins de rigueur, que l'organisation de tous les êtres, végétaux et animaux, se réduit, en dernière analyse, à un très-petit nombre de types élémentaires constituant à eux seuls tous les *tissus* organisés. Ces tissus se disposent à leur tour en *systèmes* qui, reliés entre eux par des rapports réciproques, constituent les *organes* et les *appareils*. La différence de constitution moléculaire des divers éléments organiques ne saurait donc en aucune façon militer contre l'*unité de composition* des êtres vivants.

Il est vrai que ces mots ont été interprétés dans deux sens différents par les anatomistes. Pour les uns, et ce sont les plus nombreux, l'*unité de composition* exprime un fait d'observation pure, à savoir que les animaux et les végétaux les plus différents par leurs caractères extérieurs sont réductibles, par l'analyse anatomique, à un type unique et commun de composition. Et, comme le fait observer avec raison M. Ch. Robin (2), l'économie n'étant point un tout homogène, mais un assemblage de parties diverses par leur complication, quoique solidaires par l'intimité de leurs rapports, cette unité de composition doit être envisagée dans les divers ordres de parties, telles que les tissus, les organes et les appareils. On constate de cette façon que tous les tissus ont pour élément commun l'élément anatomique, que tous les organes sont formés de tissus et que tous les appareils ont pour base les organes. Enfin, on remarque que les éléments et les organes essentiels sont les mêmes pour les corps organisés. Ainsi, par exemple, tous les animaux et toutes les plantes sont pourvus d'ovules mâles et femelles et d'organes reproducteurs.

Mais tous les anatomistes ne s'en sont point tenus là. Quelques-uns, intimément persuadés que les corps organisés n'ont pu exister de tout temps, pour les raisons que nous avons énumérées plus haut, ont été amenés à admettre la génération spontanée ou évolution directe de la matière organisée aux dépens des corps bruts. D'autres, frappés de la complexité décroissante des organismes et des propriétés qui leur sont inhérentes, sont arrivés à la même conclusion par une voie différente. La vie, réduite à son expression la

(1) Coste, *Histoire générale et part. du développement des corps organisés*, discours préliminaire, p. 31.

(2) Ch. Robin et Littré, *Dict. dit de Nysten*, art. UNITÉ.

plus simple, la nutrition, étant un fait purement moléculaire, ils ont pensé qu'à la limite des deux règnes et comme transition de l'un à l'autre, il existait des êtres doués uniquement du pouvoir nutritif, et se formant de toute pièce, au sein du règne minéral, par le seul fait des affinités moléculaires inhérentes à la matière privée de vie. Pour ces derniers, l'*unité de composition* s'applique non-seulement à un organisme donné et à tous les organismes existant actuellement, mais à la série entière des êtres depuis l'évolution de la matière organisée sur la terre jusqu'à nos jours. Dans cette théorie, on admet que tous les types spécifiques actuels ou passés dérivent d'un type originel unique qui, par ses transformations successives de générations en générations, a donné naissance à tous les autres. Nous reviendrons tout à l'heure sur cette opinion, qui compte de nombreux et illustres partisans parmi les biologistes et les philosophes. Occupons-nous tout d'abord de la question préalable, c'est-à-dire des générations spontanées.

Le fait de la génération spontanée une fois admis, on s'est demandé s'il se produisait encore naturellement de nos jours ou si, du moins, il était possible de réaliser artificiellement les conditions dans lesquelles il s'était produit lors de l'apparition des premiers êtres vivants. Sur ce point, les opinions sont partagées. Quelques physiologistes, tout en reconnaissant la nécessité des générations spontanées, prétendent qu'elles n'ont lieu que « sur les plus bas degrés de l'échelle et dans des dimensions qui, jusqu'à ce jour, se sont refusées à l'observation (1). » D'autres soutiennent, au contraire, que le problème peut être résolu expérimentalement avec les moyens dont la science dispose actuellement, et ils prétendent que toutes les matières végétales ou animales en voie de décomposition peuvent constituer des blastèmes proligères et donner naissance à diverses espèces de mycéliums et d'infusoires ciliés, tels que les paramécies, les kolpodes, etc.

Voici l'expérience capitale des hétérogénistes. Dans une macération, préalablement soumise à l'ébullition et communiquant avec l'air extérieur, par l'intermédiaire d'un tube chauffé au rouge blanc et de tubes de Liebig remplis de potasse caustique ou d'acide sulfurique, divers expérimentateurs, tels que MM. Pineau, Mantegazza, Joly, Musset, Pouchet, Wymann, ont obtenu une abondante récolte de microzoaires ciliés. Treviranus, qui avait fait la même expérience dans des conditions à peu près semblables, obtenait des infusoires d'espèces différentes suivant la nature des liqueurs fermentescibles qu'il employait. Ce résultat a été également réalisé par M. Pouchet, qui, en opérant sur deux liquides différents, a vu se produire, d'une part, des organismes blancs, d'autre part, des potophytes verts, et, dans le mélange des deux liquides, des organismes d'un beau bleu.

Dans ces derniers temps, M. Coste a répété les expériences de M. Pouchet et il a prétendu, comme M. Pasteur, que des œufs d'infusoire avaient été introduits dans la liqueur fermentescible à l'insu de l'expérimentateur. C'est

(1) J. V. Raspail, *Nouveau système de chimie organique*, p. 94.

principalement sur les kolpodes qu'ont porté les observations du professeur du Collége de France. Pendant les chaleurs de l'été, dit M. Coste, ces animaux s'enkystent et sont ainsi protégés contre la dessiccation absolue. Mais, dès qu'on les place dans un liquide maintenu à une température de 20 à 30°, les kystes se rompent et il en sort des kolpodes pourvus de cils vibratiles et d'organes génitaux parfaitement distincts au microscope. M. Pouchet aurait été induit en erreur par la ténuité extrême de ces petits kystes, qui, suivant M. Coste, peuvent traverser plusieurs filtres superposés. Au lieu d'avoir introduit dans son éprouvette une liqueur parfaitement filtrée, M. Pouchet y aurait mis un liquide rempli de kolpodes enkystés, et ce sont ces kystes qu'il aurait pris pour des œufs spontanés produits, selon lui, par un prétendu stroma ovigère. M. Pouchet a répondu par une dénégation polie, mais absolue, aux observations de M. Coste, qui n'en a pas moins maintenu ses affirmations en ajoutant que, les kolpodes étant pourvus d'organes génitaux et pondant eux-mêmes des œufs, il était impossible d'admettre que les œufs provinssent tantôt de la génération spontanée, tantôt de l'animal lui-même. La question, pour être nettement résolue dans un sens ou dans l'autre, aurait donc besoin d'être débarrassée des obscurités qui l'entourent.

Quoi qu'il en soit, la génération spontanée a dû nécessairement se produire à un moment donné. Cette nécessité est attestée par l'identité de composition élémentaire des trois règnes, par la constitution primitive de la terre et par l'absence de fossiles dans les terrains ignés. Qu'elle ait lieu ou non de nos jours, peu importe. C'est là un point fort intéressant sans aucun doute, mais, au fond, très-secondaire. L'essentiel était de prouver qu'à l'origine les corps organisés avaient dû se former de la sorte et n'auraient pu se former autrement. C'est ce que nous croyons avoir démontré dans la première partie de cette note. On peut maintenant disserter tant qu'on le voudra sur le plus ou moins de valeur des expériences des hétérogénistes, on peut même supposer, à tort ou à raison, que ces expériences sont illusoires, tous ces arguments ne sauraient prévaloir contre les faits établis précédemment. La génération spontanée ayant eu lieu jadis et se produisant peut-être encore dans les basfonds de la série organique, il est donc parfaitement légitime de tenter de reproduire ses conditions d'existence.

La génération spontanée a pour conséquence obligée la transformation des espèces. Car les espèces supérieures, ne s'étant point formées spontanément, doivent nécessairement dériver des espèces inférieures par voie de transformation. Lamarck, qui est l'auteur de la théorie de la transformation des espèces ou *unité de composition*, pense que les premiers blastèmes organisables se sont formés directement, aux dépens des matériaux inorganiques, sous l'influence de l'humidité, de la chaleur, de l'électricité, etc. Il croit que des blastèmes de ce genre peuvent encore se former aujourd'hui pour donner

(1) Pouchet, *Leçon sur les générations spontanées*, publiée dans la *Revue des cours scientifiques*, année 1864, n° 21.

naissance aux infusoires placés sur les plus bas degrés de l'échelle organique. Pour lui, c'est la monade qui est l'élément primordial développé spontanément à l'origine du monde vivant. C'est d'elle que dérivent toutes les créations ultérieures. La monade ayant besoin d'eau pour se développer a dû nécessairement naître dans l'eau. Le mot blastème créé par de Mirbel n'est point prononcé par Lamarck. Mais le liquide, où il fait naître toutes les plantes et tous les animaux primitifs, en tient lieu. Il en résulte que les espèces actuelles, terrestres et aquatiques, proviennent toutes d'une souche unique qui est née au sein des eaux. La géologie a confirmé depuis l'opinion de l'illustre biologiste. Tous les fossiles trouvés dans les terrains de transition intermédiaires à l'assise primitive et aux terrains secondaires appartiennent exclusivement à des plantes et à des animaux aquatiques.

Lamarck est amené ensuite, par les nécessités mêmes du sujet, à critiquer la définition de l'espèce donnée par ses prédécesseurs. « On a appelé *espèce*, dit-il, toute collection d'individus semblables qui furent produits par d'autres individus pareils à eux. Cette définition est exacte ; car tout individu jouissant de la vie ressemble toujours à très-peu près à celui ou à ceux dont il provient. Mais on ajoute à cette définition la supposition que les individus qui composent une espèce ne varient jamais dans leur caractère spécifique, et que conséquemment l'espèce a une constance absolue dans la nature. » C'est là précisément qu'est l'erreur, selon Lamarck. Non-seulement l'espèce n'est pas immuable, mais elle varie nécessairement avec les générations successives. Si l'on n'aperçoit pas ces variations, cela tient uniquement au peu d'intensité des causes qui les produisent. Ces causes sont de deux sortes : les unes, purement objectives, sont dues à l'influence des milieux physiques sur l'organisme vivant ; les autres, qui appartiennent au sujet lui-même, doivent être attribuées à la réaction des organes sur les milieux et à l'influence des fonctions sur les organes qui les exécutent.

« Voici la matière appelée à la vie sous la forme de monade. Les influences extérieures vont agir sur le nouvel être de façon à favoriser ou à enrayer son développement. Si le milieu ne lui est pas favorable, ses organes vont s'atrophier et il va marcher vers sa ruine. Dans le premier cas, au contraire, ils vont croître sans cesse jusqu'à ce qu'ils aient atteint le dernier terme de leur évolution. Alors, l'animal réagissant à son tour sur les milieux ambiants, sa puissance fonctionnelle augmentera en raison directe de l'usage qu'il en fera, et ses organes s'accommoderont peu à peu aux habitudes et aux besoins qu'il aura à satisfaire. On peut concevoir de la sorte que la vie animale se trouve placée, par l'action du temps, dans des conditions variables ; si la nécessité lui crée des besoins nouveaux, il s'ensuivra des aptitudes nouvelles aussi. C'est ainsi qu'on arrive à se faire une idée du progrès et de la dégradation des espèces. Soit, par exemple, un animal déjà modifié par le changement de ses habitudes et un long séjour dans un milieu étranger à celui où il a pris naissance. Que cet animal en rencontre un autre dans des conditions analogues. Si c'est un mâle et une femelle, ils s'accoupleront, et leur postérité portera nécessairement, à un degré encore plus prononcé, l'empreinte des modifications qu'eux-mêmes avaient subies. Et, de modifications en modifications, on pourra ainsi arriver, au bout d'un temps plus ou moins long, à une génération d'individus très-différente de la souche primitive. Voilà comment, après une longue suite de siècles, durant lesquels les conditions météorologiques ont plus ou moins varié à la surface du globe, l'être organisé est arrivé, en se perfectionnant toujours, de son expression la plus simple, la monade, à son type le plus élevé, l'homme civilisé (1). »

Cette théorie à la fois si simple et si ingénieuse compte des partisans parmi les plus illustres biologistes de ce siècle. Illustrée par le génie d'Étienne-Geoffroy Saint-Hilaire, qui l'a défendue contre les attaques de Cuvier, elle a pour elle l'autorité de Gœthe, d'Oken, de Carus, de Richard Owen, de Vogt, de Virchow, de Büchner, de Tyndall, de Moleschott, de Schiff, de Cocci, de Philippi, et de la plupart des membres de la Société d'anthropologie de Paris, entre autres son ancien président et son secrétaire actuel, M. Broca. Tout récemment, enfin, elle a été reproduite par M. Darwin, qui lui a donné des développements nouveaux dans son ouvrage sur l'*Origine des espèces*. De même que le biologiste français, l'auteur anglais admet la génération spontanée des êtres organisés, sans affirmer toutefois qu'elle se produise encore de nos jours. Il est aussi moins affirmatif que Lamark touchant l'origine des espèces actuelles. « Je pense, dit-il, que tout le règne animal est descendu de quatre ou cinq types primitifs et le règne végétal d'un nombre égal ou moindre. L'analogie me conduirait même un peu plus loin, c'est-à-dire à la croyance que tous les animaux et toutes les plantes descendent d'un seul prototype; mais l'analogie peut être un guide trompeur (2). »

Quant à nous, nous opterions volontiers pour la première opinion. De même qu'il y a plusieurs espèces d'éléments anatomiques, différents par leurs formes au moment même de leur apparition, il nous semble naturel de penser qu'il y a eu également plusieurs types d'organismes inférieurs à l'origine. Si non, il faut supposer que les premiers blastèmes inorganiques spontanément organisables ont eu, à un moment donné, une constitution moléculaire et une composition immédiate identiques sur toute la surface du globe, ce qui paraît complétement impossible. Cette divergence est, du reste, assez peu importante, puisque, dans l'un et l'autre cas, on est obligé d'admettre la transformation des espèces pour se faire une idée rationnelle et scientifique des modifications progressives de la substance organisée.

Ces modifications seraient dues, suivant M. Darwin, à deux causes principales, dont la première avait déjà été signalée par Lamarck, l'*élection natu-*

(1) Cet alinéa est extrait du compte rendu du cours de M. Coste, publié par nous dans la *Revue des cours scientifiques*, numéro du 7 mai 1864.

(2) Darwin, *De l'origine des espèces*, trad. de Mlle Cl. Royer. Paris, Guillaumin et V. Masson, 1866, 2e édit.

relle ou inconsciente et la *concurrence vitale*. Par *élection* naturelle, l'auteur entend le rapprochement instinctif, inconscient, de deux individus pourvus de caractères communs très-accentués et très-favorables au perfectionnement de leur race. Ce rapprochement est provoqué chaque jour par les éleveurs et par les jardiniers, qui accouplent des animaux de race différente ou des plantes de variétés diverses pour obtenir des produits de plus en plus perfectionnés. Dans ce cas, l'élection naturelle prend le nom de *sélection* ou *élection consciente*.

La *concurrence vitale*, conséquence forcée de l'élection naturelle, n'est autre chose que la lutte des individus *élus* avec ceux qui présentent des déviations organiques nuisibles à leur développement actuel et à leurs progrès ultérieurs. C'est la loi de Malthus généralisée à tous les êtres et réalisée naturellement par le fait même des rapports qui s'établissent entre eux. Les espèces les plus parfaites ont toujours le dessus dans cette lutte; tandis que les autres succombent et finissent par s'éteindre complétement, soit qu'elles aient été décimées par les espèces rivales, ou que, par leur imperfection même, elles n'aient pu triompher des innombrables causes de destruction qui menacent journellement l'existence des êtres vivants. C'est ainsi que, de nos jours encore, les animaux féroces ou nuisibles sont sans cesse poursuivis et décimés par l'homme, et que les races inférieures disparaissent faute de pouvoir s'accommoder aux nouvelles conditions d'existence qui leur sont imposées par les races supérieures. Il n'y a pas encore quatre siècles que les colons européens se sont établis en Amérique, et il y reste à peine quelques milliers d'indigènes ; tandis que les Anglo-Américains y prospèrent et y progressent avec une rapidité inouïe. Sans doute la civilisation doit avoir pour but de perfectionner les races inférieures plutôt que de les détruire; ainsi le veulent la justice et l'intérêt bien entendu. Mais il est des races si naturellement antipathiques par leurs mœurs et par leurs aptitudes que toute fusion est impossible entre elles. Il en est même dont l'alliance serait plus préjudiciable qu'utile au perfectionnement de l'espèce. Dans ces conditions, la moins parfaite sera tôt ou tard et fatalement sacrifiée à l'autre : *dura lex sed lex*.

Ce qui est plus triste encore, c'est de voir des nations civilisées, qui pourraient vivre en paix et se rendre de mutuels services, se ruer les unes sur les autres et s'entre-déchirer pour satisfaire l'égoïsme féroce et les passions antisociales d'un petit nombre de parasites qui fomentent ces divisions pour perpétuer leur domination et leurs priviléges. L'homme n'en est pas moins un être essentiellement progressif qui se transforme insensiblement et tend à réaliser un type de plus en plus perfectionné. Certains peuples peuvent s'arrêter dans leur développement, rétrograder et même disparaître ; mais l'humanité ne s'arrête pas. Elle monte toujours et progresse indéfiniment. L'homme ne doit pourtant pas s'enorgueillir outre mesure de ses prérogatives. Car, si parfait et si perfectible qu'il soit, il n'a acquis le privilége de la suprématie hiérarchique qu'après avoir passé par tous les degrés de la série animale. Il ne doit pas non plus se sentir humilié de son humble origine ; car, comme l'a dit C. Vogt, il est encore plus glorieux pour lui d'être un singe perfectionné qu'un Adam dégénéré (1).

Avant de clore cette note nous devons dire un mot des objections qui ont été élevées depuis Cuvier contre la génération spontanée et l'unité de composition. Ces objections portent sur deux points capitaux : 1° L'absence de types intermédiaires ; 2° l'infécondité des hybrides et la permanence des espèces actuelles. Montrez-moi, disait Cuvier à Geoffroy Saint-Hilaire, les types intermédiaires qui forment la transition entre l'espèce inférieure et celle qui la suit immédiatement, faites-moi voir actuellement une espèce en voie de transformation, et j'admets votre théorie ; sinon, je suis forcé de la rejeter comme chimérique et purement imaginaire. C'est ce que répètent encore à l'heure qu'il est les adversaires de la théorie de Darwin.

A la première objection, nous répondrons que les faits cités dans la première partie de cette note, faits que nous aurions pu multiplier encore beaucoup plus que nous ne l'avons fait, établissent d'une façon non équivoque la hiérarchie ascendante des êtres et le passage graduel d'une espèce à l'autre. Il est bien vrai que beaucoup d'espèces intermédiaires manquent. Mais faut-il s'en étonner, quand on songe aux effets de la sélection naturelle et de la concurrence vitale qui ont précisément pour effet de les faire disparaître? Mais, dit-on encore, d'où vient que cette transition insensible ne s'observe point entre les fossiles des divers terrains? Ici nous laisserons parler M. Darwin qui, après avoir envisagé avec le plus grand soin et la plus entière indépendance toutes les difficultés soulevées par cette objection, conclut, avec Lyell, que les documents fournis par la géologie sont encore très-incomplets, mais que ceux qui existent sont plus favorables que nuisibles à sa théorie. « Pour ma part, dit-il, d'après une expression poétique de Lyell, je regarde les archives naturelles de la géologie comme des mémoires tenus avec négligence pour servir à l'histoire du monde et rédigés dans un idiome altéré et presque perdu. De cette histoire, nous ne possédons que le dernier volume qui contient le récit des événements passés dans deux ou trois contrées. De ce volume lui-même, seulement ici et là un chapitre a été conservé, et de chaque page quelques lignes restent seules lisibles. Les mots de langue lentement changeante dans laquelle cette obscure histoire est écrite, devenant plus ou moins différents dans les chapitres successifs, représentent les changements en apparence soudains et brusques des formes de la vie ensevelies dans nos strates superposées et pourtant intermittentes. Lorsqu'on regarde de ce point de vue les objections que nous venons d'examiner, ne semblent-elles pas moins fortes, si même elles ne disparaissent complétement (2)? »

Quant à l'infécondité actuelle des hybrides et à la difficulté des croise-

---

(1) Carl Vogt, *Leçons sur l'homme*, traduction de Moulinié, Paris, Reinwald, 1865, in-8, p. 628.

(2) Darwin, *loc. cit.*

ments entre deux espèces différentes, ce sont des objections dont on s'est beaucoup trop exagéré le poids. Ne sait-on pas, en effet, que le but principal de l'élection naturelle et de la concurrence vitale est de conserver la pureté du type spécifique? Les espèces supérieures, une fois formées, doivent donc résister aux croisements tant que les conditions mésologiques demeurent favorables à leur libre développement. On s'étonne que les métis ne soient pas indéfiniment féconds. Mais on oublie que cette fécondité indéfinie ne profiterait qu'à l'espèce inférieure. La sélection naturelle ne s'opère qu'à la condition d'être profitable en même temps aux deux espèces qui se croisent. L'infécondité de certains hybrides ne saurait donc être alléguée contre la théorie des transformations spécifiques. La période historique est d'ailleurs de trop courte durée à l'heure qu'il est pour que nous puissions conclure, de la fixité apparente des espèces actuelles, à leur perpétuité. S'il est incontestable, comme l'a très-bien dit Raspail, que « par une série infinie de modifications ascendantes, la molécule organisée est susceptible de revêtir successivement et à chaque génération des formes supérieures, il n'en est pas moins vrai que ces modifications seraient à peine sensibles au bout d'un certain nombre de siècles, s'il était donné à l'observateur d'assister sans interruption au spectacle de ce développement (1). »

Les beaux travaux de Gærtner sur le croisement des espèces végétales ont d'ailleurs démontré que beaucoup d'espèces différentes sont susceptibles de donner des produits indéfiniment féconds par les croisements successifs. Chose remarquable, il y a certaines espèces très-difficiles à croiser dont les hybrides, une fois produits, sont très-féconds; tandis que d'autres, qui se croisent très-facilement, produisent un grand nombre d'hybrides complétement inféconds. On voit même des espèces, telles que les lobélies, être mieux fécondées par le pollen d'une espèce distincte que par leur propre pollen.

Les expériences sur les animaux ont été beaucoup moins multipliées et les résultats obtenus moins satisfaisants. Quelques espèces ont pu être croisées; mais les hybrides sont demeurés jusqu'à ce jour presque constamment stériles. Je dis presque constamment et non absolument stériles; car M. Darwin a des raisons très-sérieuses pour admettre que les hybrides des *Cervulus vaginalis* et *Reevesii* et ceux du *Phasianus colchicus* avec le *Ph. torquatus* sont parfaitement féconds. Les expériences tentées jusqu'à présent sont d'ailleurs peu concluantes. Car la plupart des animaux sur lesquels on a opéré ne se reproduisent pas en reclusion. Ainsi, dit M. Darwin, le serin a été croisé avec neuf autres espèces de passereaux. Mais aucune de ces neuf espèces ne se reproduit dans nos volières. Il n'est donc pas étonnant que leurs hybrides soient toujours inféconds. Cette infécondité se comprend d'autant mieux qu'on n'a jamais croisé que des pères et des sœurs provenant de la même ponte ou de pontes successives. Or tout le monde sait que c'est là une condition généralement peu favorable à la reproduction.

(1) Raspail, *loc. cit.*, p. 94.

On sait, d'autre part, que les variétés, même les plus accentuées, sont constamment fécondes entre elles et donnent des produits qui se perpétuent presque indéfiniment. On répond, il est vrai, que les variétés ne sont point des espèces. Pourquoi? Pour la seule raison que les collectivités désignées sous le nom d'espèces résistent au croisement ou donnent des hybrides stériles, tandis que le contraire a lieu pour les variétés. Mais en raisonnant de la sorte on tombe forcément dans un cercle vicieux. On répond à la question par la question: Il faudrait, pour raisonner juste, caractériser autrement les espèces et les variétés; ce qu'on n'a pu faire jusqu'à ce jour. Cela prouve, qu'au fond les espèces ne diffèrent point des variétés. Ce sont des produits plus ou moins différents, plus ou moins modifiés par le temps, les milieux et les habitudes organiques. Mais il est absolument impossible d'affirmer que ces produits divers n'ont pas une souche commune. L'analogie porte à croire, au contraire, que ce sont les rejetons séculaires d'une même famille, dont les rameaux, maintes fois renouvelés et diversifiés par les croisements, existent encore, mais dont le tronc a disparu. M. Darwin a frappé ses adversaires au défaut de la cuirasse en leur posant cette simple question : Avez-vous une *règle d'or* pour distinguer les espèces des variétés? Non, cette règle n'existe pas. Eh bien, jusqu'à ce que vous l'ayez trouvée, toutes vos raisons sont vaines ,car elles manquent de base. » On ne pouvait mieux dire. Avant de chercher à prouver que les espèces sont immuables, il faudrait d'abord donner une bonne définition de l'espèce. C'est ce que les naturalistes n'ont point fait encore. Ils n'ont eu, jusqu'à présent, pour reconnaître l'espèce, d'autre critérium que l'invariabilité. Mais l'invariabilité ne prouve absolument rien. Car on peut toujours supposer que les prétendues espèces des naturalistes ne sont que des variétés arrivées au dernier terme de leurs transformations ou en voie de transformation insensible.

Les paléontologistes ne sont pas plus avancés sur ce point que les naturalistes, et plusieurs d'entre eux avouent aujourd'hui que plusieurs *espèces* établies par d'Orbigny et autres doivent descendre au rang des variétés. D'autres paléontologistes soutiennent, au contraire, que bon nombre de coquilles, trouvées dans les derniers dépôts tertiaires et considérées comme des variétés des espèces actuelles, sont spécifiquement distinctes (Darwin). Tout s'obscurcit, comme on le voit, quand on s'éloigne de la théorie de la transformation, tandis que la plupart des faits s'expliquent lorsqu'on a recours à elle.

L'autorité de Cuvier n'en pèse pas moins toujours de tout son poids sur cette partie de l'histoire naturelle. Mais un savant, si grand qu'il soit, n'est point infaillible. Cuvier lui-même ne s'est jamais fait de très-grandes illusions à cet égard ; et, si son caractère eût été à la hauteur de son talent, il y a lieu de croire que la théorie de Lamarck compterait un illustre partisan de plus. Qu'on se rappelle seulement sa réponse à Van Marum. Ce dernier lui demandant s'il croyait à la génération spontanée : « L'empereur ne le veut pas. » Telle fut la réponse de Cuvier. On peut juger par là de la valeur de son opinion.

Cuvier n'admettant pas la génération spontanée, ne pouvait, à plus forte raison, adopter l'opinion de Lamarck et de Geoffroy Saint-Hilaire sur la transformation des espèces ; à moins de soutenir que les animaux supérieurs et l'homme lui-même sont nés, comme une monade, au sein d'un blastème inorganique. Cette hypothèse ne pouvant être discutée sérieusement, il n'y avait qu'un moyen de sortir de l'impasse, c'était d'admettre le miracle de la création et la perpétuité des espèces créées au moment de la dernière révolution géologique. Les travaux du grand naturaliste sur la succession des faunes et l'évolution progressive des êtres perdaient ainsi toute leur signification. La science, la raison et la logique étaient sacrifiées ; mais le principe d'autorité et le droit divin, dont Cuvier était le protecteur juré en sa qualité de personnage officiel, étaient sauvegardés. L'hésitation ne pouvait être permise. Cuvier se résigna noblement à faire fléchir ses convictions de savant devant ses devoirs d'homme d'État. Geoffroy Saint-Hilaire, lui, fut d'un autre avis. Il pensa, à tort ou à raison, que les savants, bien qu'ils professent moins ostensiblement le culte du devoir que les hommes d'État, n'en sont pas plus dispensés qu'eux. Ce croyant, il resta fidèle à son opinion. Voilà, en deux mots, le fin fond de la querelle de l'unité de composition. Le lecteur édifié peut, dès à présent, se prononcer sur la valeur respective des opinions de Geoffroy Saint-Hilaire et de Cuvier.

Quant à la théorie de Darwin, la même au fond que celle de Lamarck et de Geoffroy Saint-Hilaire, voici comment s'exprime à son sujet un éminent naturaliste génevois, M. Claparède : « La théorie de la permanence des espèces et des créations successives a le désavantage d'invoquer une action mystérieuse ; mais, en revanche, elle a le bonheur de ne point se trouver en contradiction évidente avec la cosmogonie hébraïque, aujourd'hui généralement révérée dans le monde civilisé. La théorie de la transformation des espèces a, au contraire, l'avantage d'être plus en harmonie que sa rivale avec les procédés habituels de la nature ; elle ne renferme pas, comme l'autre, l'élément que notre esprit se sent disposé à qualifier de prime abord de surnaturel. En revanche, elle est peu canonique (1). » Après cela, il est inutile d'insister. A bon entendeur, salut.

(1) Claparède, cité par mademoiselle Cl. Royer dans son introduction à la traduction de Darwin, deuxième édition.

NOTIONS
D'ANATOMIE ET DE PHYSIOLOGIE
GÉNÉRALES

NOTIONS

SUR

LA NATURE ET LES PROPRIÉTÉS

DE LA

MATIÈRE ORGANISÉE

PAR

M. F. TAULE

Docteur en médecine de la Faculté de Paris.

PARIS

GERMER BAILLIÈRE, LIBRAIRE ÉDITEUR,

RUE DE L'ÉCOLE-DE-MÉDECINE, 17.

1866